Vissenschaftliche Taschenbücher

Mathematik · Physik

J. F. Vinson

Optische Kohärenz

Akademie-Verlag · Berlin
Pergamon Press · Oxford
Vieweg + Sohn · Braunschweig

WTB Wissenschaftliche Taschenbücher

ROLF BORSDORF / MANFRED SCHOLZ
Spektroskopische Methoden in der organischen Chemie

WERNER HABERDITZL
Magnetochemie

GERHARD HEBER
Mathematische Hilfsmittel der Physik, Teil I und II

A. A. SOKOLOW
Elementarteilchen

HEINZ AHRENS
Varianzanalyse

HANS-JÜRGEN TREDER
Relativität und Kosmos
Raum und Zeit in Physik, Astronomie und Kosmologie

ALBERT EINSTEIN
Grundzüge der Relativitätstheorie

ALBERT EINSTEIN
Über die spezielle und die allgemeine Relativitätstheorie

GÜNTHER LUDWIG
Wellenmechanik. Einführung und Originaltexte

HARRY PAUL
Lasertheorie, Teil I und II

FRANZ RUDOLF KESSLER
Einführung in die physikalischen Grundlagen der Kernenergiegewinnung

EBERHARD HOFMANN
Eiweiße und Nucleinsäuren als biologische Makromoleküle
Dynamische Biochemie, Teil I

EBERHARD TEUSCHER
Pharmakognosie, Teil I und II

D. TER HAAR
Quantentheorie. Einführung und Originaltexte

J. H. SANDERS
Die Lichtgeschwindigkeit. Einführung und Originaltexte

JEAN KUNTZMANN
Unendliche Reihen
Mathematische Hilfsmittel der Physik und Chemie
Mit 94 Übungen und 29 Aufgaben

JEAN KUNTZMANN
Systeme von Differentialgleichungen
Mathematische Hilfsmittel der Physik und Chemie
Mit 88 Übungen und 40 Aufgaben

JEAN KUNTZMANN
Komplexe Veränderliche
Mathematische Hilfsmittel der Physik und Chemie
Mit 90 Übungen und 37 Aufgaben

FERDINAND CAP
Einführung in die Plasmaphysik
I. Theoretische Grundlagen
— insgesamt 3 Bände —

J. A. ROSANOW
Wahrscheinlichkeitstheorie

HARRY PFEIFER
Theorie linearer Bauelemente
Elektronik für den Physiker I

HARRY PFEIFER
Die Elektronenröhre
Elektronik für den Physiker II

HARRY PFEIFER
Schaltungen mit Elektronenröhren
Elektronik für den Physiker III

HARRY PFEIFER
Leitungen und Antennen
Elektronik für den Physiker IV

HARRY PFEIFER
Mikrowellenelektronik
Elektronik für den Physiker V

HARRY PFEIFER
Halbleiterelektronik
Elektronik für den Physiker VI

SIEGFRIED HAUPTMANN
Über den Ablauf organisch-chemischer Reaktionen

GERHARD HÜBNER / KLAUS JUNG / ECKART WINKLER
Die Rolle des Wassers in biologischen Systemen

STEPHEN G. BRUSH
Kinetische Theorie, Teil I und II

EBERHARD HOFMANN
Enzyme und energieliefernde Stoffwechselreaktionen
Dynamische Biochemie, Teil II

HERBERT GOERING
Elementare Methoden zur Lösung von Differentialgleichungsproblemen

PETER KRUMBIEGEL
Isotopieeffekte

D. M. BRINK
Kernkräfte. Einführung und Originaltexte

DIETER ONKEN
Steroide
Zur Chemie und Anwendung

HEINZ GEILER
Ökologie der Land- und Süßwassertiere

DIETER J. SCHADACH
Biomathematik, Teil I und II

ARTHUR P. CRACKNELL
Angewandte Gruppentheorie
Einführung und Originaltexte

J. F. VINSON
Optische Kohärenz in der klassischen Theorie und in der Quantentheorie

Vorschau auf die nächsten Bände:

EBERHARD HOFMANN
Intermediärstoffwechsel
Dynamische Biochemie, Teil III

GÜNTER TEMBROCK
Grundlagen der Tierpsychologie

W. R. HINDMARSH
Atomspektren

GÜNTER TEMBROCK
Biokommunikation
Informationsübertragung im biologischen Bereich, Teil I und II

WTB

BAND 85

J. F. Vinson

Optische Kohärenz

in der klassischen Theorie und in der Quantentheorie

Mit 1 Abbildung

AKADEMIE-VERLAG · BERLIN

PERGAMON PRESS · OXFORD

VIEWEG + SOHN · BRAUNSCHWEIG

Reihe MATHEMATIK UND PHYSIK

Verantwortlicher Herausgeber dieses Bandes:
Prof. Dr. G. Heber

Autorisierte Übersetzung aus dem Französischen, veröffentlicht
durch DUNOD, Paris

Übersetzer und Herausgeber der deutschen Ausgabe:
Dr. H. Steudel, Berlin

ISBN 3 528 06085 9

1971

Lizenznummer: 202 · 100/442/71
Gesamtherstellung: VEB Druckhaus „Maxim Gorki", 74 Altenburg
Bestellnummer: Akademie-Verlag 761 453 6
7085 · ES 18 B 1, 18 B 5
Pergamon Press 08 017 586 4
Vieweg + Sohn 6085
Printed in German Democratic Republic

Vorwort

Seitdem die Quantenelektrodynamik existiert — das ist seit mehr als vierzig Jahren — hat sie eine äußerst mannigfaltige und fruchtbare Beschreibung der Strahlungsphänomene geliefert. Indessen, obwohl diese Theorie in der ersten Zeit zahlreiche Ergebnisse auf dem Gebiet der Quantenoptik gebracht hat, hat doch die Ausarbeitung der theoretischen Verknüpfung zwischen Optik und Quantenelektrodynamik bis in die jüngste Vergangenheit praktisch keine Fortschritte gemacht. Wir wußten wohl, daß die theoretischen Grundlagen aus der Quantenelektrodynamik ableitbar sein müssen, aber wir wußten nicht, wie die Lichtstrahlen in einer der Analyse der optischen Experimente hinreichend gut angepaßten Weise zu beschreiben sind. Das Bedürfnis der Erforschung dieses Problems wurde dringend nach der Entwicklung einer gewissen Anzahl neuer experimenteller Techniken. Man kann insbesondere das Messen von Korrelationen im optischen Feld durch Hanbury Brown und Twiss nennen oder auch die verschiedenen Methoden des „Photonenzählens", die heute gewöhnlich auf Laserstrahlen angewendet werden. Aber die von diesen neuen Techniken ausgegangene Anregung war nicht der einzige Anstoß. Vielmehr empfand man ebenso das viel allgemeinere Bedürfnis, eine brauchbare Methode zu entwickeln, um die klassische Grenze der Quantenelektrodynamik zu untersuchen und die Grenze der starken Felder, für welche die Quantenphänomene zwar nicht überwiegen, aber doch deutlich in Erscheinung treten.

Die Entwicklung einer geeigneten Methode zur Beschreibung der optischen Felder wird von J. F. Vinson in der vorliegenden Monographie mit bemerkenswerter Klarheit dargestellt. Die Artikel über dieses Gebiet, deren Zahl rasch wächst, mußten in kritischer Weise erörtert werden. Das ist J. F. VINSON völlig gelungen. Er bietet vor allem eine vortreffliche Zusammenfassung des Wesentlichen, wenn es darum geht, die Theorie in Begriffen zu formulieren, die in enger Beziehung zum Experiment stehen.

Die neuen Techniken der Quantenoptik brachten eine seit langem notwendige Rechtfertigung der in klassischer Form erscheinenden Analysenmethoden, auf welche die älteren und vertrauteren Gebiete der Optik gegründet wurden. Aber in den jüngsten Gebieten der Optik, in denen die quantentheoretischen Eigenschaften der Strahlungsquellen von Bedeutung sind, wird der Zugang über die Quantenoptik unentbehrlich. Der Umstand z. B., daß die kürzlich entwickelten „Lichtverstärker" wirklich auf Fluktuationen des „Vakuumzustandes" des Feldes reagieren, zeigt klar, daß sie keinen klassischen Charakter haben. Dieses Buch entwickelt die Theorie, die wesentlich ist für das Verständnis der Eigenschaften dieser „Quantenquellen" und der von ihnen ausgestrahlten Felder.

R. J. GLAUBER

Für MARGIT

Vorwort des Autors

Dieses Buch ist die Herausgabe einer vor der Faculté des Sciences von Paris verteidigten „thèse de troisième cycle"*), an der keine nennenswerte Änderung vorgenommen wurde. Sie trägt demnach die besonderen Merkmale dieser Art von Arbeiten. Insbesondere sind einige Punkte darin Gegenstand einer Untersuchung, die möglicherweise als etwas zu ausführlich erscheinen könnte.

Ich dachte jedoch, daß diese Form — neben Unbequemlichkeiten, die man darin finden mag — den Vorteil hat, den Leser mit gewissen aktuellen Schwierigkeiten der Quantenoptik, so wie sie sich darbieten, in Berührung zu bringen. Das könnte dazu beitragen, den Leser in den Stand zu versetzen, die weitere Entwicklung dieses Gebietes der Quantenphysik zu verfolgen.

Es liegt mir daran, Monsieur Petiau zu danken, der mich bereitwillig mit seinen Ratschlägen unterstützt hat. Die Ausführung dieser Ausgabe ist das Werk meines Kollegen und Freundes Jacques Tassart.

J. F. Vinson

---

*) Spezielle Doktor-Dissertation (Anm. d. Herausgebers).

Inhaltsverzeichnis

[ ] Ziffern in eckigen Klammern verweisen auf das Literaturverzeichnis

( ) Ziffern in runden Klammern verweisen auf numerierte Gleichungen

Einleitung

Als MAX PLANCK im Jahre 1900 die Hypothese einer Quantisierung der Energie einführte, behandelte er die Schwierigkeiten, die sich durch ein Phänomen der Wechselwirkung von Strahlung mit Materie ergaben: die spektrale Verteilung der thermischen Strahlung in thermodynamischem Gleichgewicht.

Man weiß, daß diese Hypothese den Beginn der Quantentheorie darstellte, die ihrerseits später weiterentwickelt wurde und zur Entstehung der Quantenmechanik führte. Jedoch entwickelte sich die Quantentheorie der Strahlung viel schleppender als die letztere. Man kann das dadurch erklären, daß sich die Experimente der Optik auf das freie Strahlungsfeld bezogen, wo alle beobachteten Phänomene — wie man sich überzeugen konnte — durch die klassische Strahlungstheorie erklärt werden konnten. Diese Beobachtungen wurden mit klassischen Meßgeräten ausgeführt, d. h. mit Meßgeräten, für die der korpuskulare Aspekt der Wechselwirkung zwischen Strahlung und Materie nicht explizit in Erscheinung trat.

Aber später hat die Möglichkeit der Ausführung neuer Experimente das Problem einer Quantentheorie der Strahlung und insbesondere ihrer Beziehungen zur klassischen Theorie erneut aufgeworfen. Diese Beziehungen sind Gegenstand des Buches, das dazu beitragen möchte, sie durch die Untersuchung des optischen Kohärenzbegriffes zu präzisieren.

ERSTER TEIL

Die optische Kohärenz in klassischer und in quantentheoretischer Beschreibung

Einleitung

Die vorliegende Studie hat als Hauptgegenstand die Diskussion verschiedener Probleme, denen man in der theoretischen Beschreibung der elektromagnetischen Strahlung, genauer: im optischen Frequenzbereich, begegnet. Der größte Teil der erhaltenen Resultate ließe sich jedoch auf Strahlungen völlig anderer Natur übertragen.

Wir beschränken uns auf das Studium der freien Strahlung, d. h., daß wir immer die Umgebung, in der sich die Strahlung ausbreitet, als frei von Materie ansehen. Die Wechselwirkung mit Materie tritt lediglich im Hinblick auf die Erzeugung und den Nachweis der Strahlung in Erscheinung. Das Problem, das wir hier behandeln werden, betrifft somit die Beschreibung der Entwicklung von Strahlung, die keinen Verlusten unterworfen ist.

KAPITEL I

Der klassische Begriff der optischen Kohärenz

Der ursprüngliche Sinn des Wortes *Kohärenz* in der Optik bezog sich eindeutig auf die Fähigkeit einer Strahlungsquelle, Interferenzerscheinungen hervorzurufen [1].

Die Entdeckung des Effektes von Hanbury Brown und Twiss im Jahre 1956 [3] hat nun aber das Gebiet der Anwendung dieses Begriffs beträchtlich erweitert. Dieser Effekt bezieht sich auf die Korrelationsstatistik, die man zwischen den Intensitäten an verschiedenen Raumpunkten messen kann; wir werden sie in Kapitel III, Abschn. D [Gl. (126)] ausführlich studieren. Einen Effekt von der gleichen Art gibt es auch zwischen mehreren Raumpunkten [Gl. (129)].

Es wird demnach zweckmäßiger sein, den Begriff der optischen Kohärenz allgemeiner durch eine Gesamtheit von Korrelationseigenschaften zwischen den Elementen des optischen Feldes zu definieren.

Die klassische Theorie hatte keinen besonderen Grund, die physikalische Größe zu fixieren, die sie wählte, um die Erscheinungen zu beschreiben. Man kann das elektrische Feld $E(\boldsymbol{r}, t)$ einer elektromagnetischen Welle so zerlegen:

$$E(\boldsymbol{r}, t) = \sum_{k=0}^{\infty} [c_k u_k(\boldsymbol{r})\, e^{-i\omega_k t} + c_k^* u_k^*(\boldsymbol{r})\, e^{+i\omega_k t}] \qquad (1)$$

mit

$$(\nabla^2 + \omega_k^2/c_k^2)\, u_k(\boldsymbol{r}) = 0, \qquad (2)$$

$$\nabla \cdot u_k(\boldsymbol{r}) = 0. \qquad (3)$$

Die c_k sind numerische komplexe Koeffizienten. Für den Fall, daß k ein Kontinuum von Werten annimmt, hätte man ein Fourierintegral. Diese Zerlegung ist völlig willkürlich und dient nur der Bequemlichkeit der mathematischen Analyse.

Das Feld ist hier durch die Fourierkoeffizienten c_k vollständig bestimmt. Die realen Felder können durch eine statistische Verteilung über diese Koeffizienten charakterisiert werden:

$$p(\{c_k\}) = p(c_1, c_2, c_3, \ldots, c_k, \ldots) . \tag{4}$$

Wir bezeichnen mit dem Ausdruck *Präparation* die Vorgabe dieser Verteilung. Eine spezielle Entwicklung wird eine *Realisierung* genannt. Die $p(\{c_k\})$ sind nicht beliebige Funktionen. Sie stellen die Wahrscheinlichkeit dar, das System in einem bestimmten, durch die c_k definierten Strahlungszustand zu finden und sind somit den folgenden Bedingungen unterworfen:

- Es sind positiv definierte Funktionen.
- Jedem Wertesystem $\{c_k\}$ entspricht ein von den anderen unabhängiger Zustand.
- $\int p(\{c_k\}) \prod_k \mathrm{d}^2 c_k = 1$.

Für eine bestimmte Präparation, die durch die Verteilung $p(\{c_k\})$ charakterisiert ist, wird die Messung einer Größe $F(E)$ zu einem Mittelwert

$$\langle F(E) \rangle = \int p(\{c_k\}) \, F[E(\{c_k\})] \prod_k \mathrm{d}^2 c_k \tag{5}$$

führen, wenn man

$$c_k = x + \mathrm{i}y , \qquad \mathrm{d}^2 c_k = \mathrm{d}x \, \mathrm{d}y \tag{6}$$

setzt. Das Symbol $\langle \quad \rangle$ stellt also einen Mittelwert über alle möglichen Realisierungen einer Präparation dar.

Der Sinn dieser Beziehung sollte nicht mißverstanden werden. Sie bedeutet, daß man die Messungen über eine große Zahl von Realisierungen ein und derselben Präparation, d. h. ein und der selben Verteilung $p(\{c_k\})$, zu erstrecken hat. Es handelt sich um ein *Ensemblemittel*.

Andererseits kann man die Manifestation des Interferenzphänomens allgemein durch die sog. *gegenseitige Kohärenzfunktion* charakterisieren [4, 5]:

$$\Gamma^{(1)}(\boldsymbol{r}_1 t_1, \boldsymbol{r}_2 t_2) = \langle E(\boldsymbol{r}_1 t_1)\, E(\boldsymbol{r}_2 t_2)\rangle . \tag{7}$$

Man definiert die *Sichtbarkeit* durch den Ausdruck [6]

$$v(\boldsymbol{r}) = \frac{\langle I(\boldsymbol{r})_{\max}\rangle - \langle I(\boldsymbol{r})_{\min}\rangle}{\langle I(\boldsymbol{r})_{\max}\rangle + \langle I(\boldsymbol{r})_{\min}\rangle} \tag{8}$$

mit

$$I = E^2(\boldsymbol{r}, t) .$$

$v(\boldsymbol{r})$ mißt den Kontrast der Interferenzstreifen.

I ist die Strahlungsintensität. Wenn man die *normierte gegenseitige Kohärenzfunktion* definiert

$$\gamma(\boldsymbol{r}_1 t_1, \boldsymbol{r}_2 t_2) = \frac{\Gamma^{(1)}(\boldsymbol{r}_1 t_1, \boldsymbol{r}_2 t_2)}{[\langle I(\boldsymbol{r}_1, t_1)\rangle]^{1/2}\, [\langle I(\boldsymbol{r}_2, t_2)\rangle]^{1/2}}$$

$$= \frac{\Gamma^{(1)}(\boldsymbol{r}_1 t_1, \boldsymbol{r}_2 t_2)}{[\Gamma^{(1)}(\boldsymbol{r}_1 t_1, \boldsymbol{r}_1 t_1)]^{1/2} [\Gamma^{1/2}(\boldsymbol{r}_2 t_2, \boldsymbol{r}_2 t_2)]^{1/2}}, \tag{9}$$

so hat man

$$v(\boldsymbol{r}) = 2(\mu + \mu^{-1})^{-1}\, |\gamma(\boldsymbol{r}_1 t_1, \boldsymbol{r}_2 t_2)| \tag{10}$$

mit

$$\mu = \left[\frac{I(\boldsymbol{r}_1, t_1)}{I(\boldsymbol{r}_2, t_2)}\right]^{1/2}, \qquad 0 \leqq |\gamma| \leqq 1 .$$

Für ein Experiment vom YOUNGschen Typ beziehen sich die Koordinaten $\boldsymbol{r}_1, t_1$ und $\boldsymbol{r}_2, t_2$ auf Löcher oder Spalte und die Koordinate $\boldsymbol{r}$ auf den Schirm. Aus der Definitionsgleichung (7) erhält man Rechenschaft darüber, daß die statistische Unabhängigkeit das Verschwinden der relativen Kohärenzfunktion und folglich der Sichtbarkeit $v(\boldsymbol{r})$ nach sich zieht.

Man wird so dazu geführt, für jede Art von Experiment ein *Kohärenzvolumen* [7] zu definieren, das einem von der

Art der verwendeten Lichtquelle abhängigen Gebiet entspricht, in dem Interferenzstreifen beobachtet werden können. Das ist das Gebiet, wo die gegenseitige Kohärenzfunktion im Laufe der Zeit einen wesentlich von Null verschiedenen Wert annimmt. Dieser Begriff vereinigt die bekannteren Begriffe der zeitlichen und der räumlichen Kohärenz. Die zeitliche Kohärenz bezieht sich auf die Korrelation der an einem gegebenen Punkt zu verschiedenen Zeiten im gleichen Lichtbündel gemessenen Feldstärken (Experimente vom MICHELSONschen Typ). Die räumliche Kohärenz bezieht sich auf die Korrelation der an verschiedenen Raumpunkten zu einer festen Zeit gemessenen Feldstärken (Experimente vom YOUNGschen Typ).

Es ist wichtig, zu bemerken, daß man vor der in jüngster Vergangenheit erfolgten Entdeckung des Lasers über keine anderen Lichtquellen verfügte als über Wärmestrahlung, elektrische Gasentladungen und Fluoreszenzphänomene. Alle diese Strahlungsquellen sind durch die statistische Unabhängigkeit der Wellenzüge charakterisiert, die bei jedem einzelnen Prozeß in der Atomhülle emittiert werden. Man kann zeigen, daß für derartige Quellen die Verteilung $p(\{c_k\})$ die Form einer GAUSS-Kurve annimmt [8]. Unter diesen Bedingungen bleibt $\Gamma^{(1)}(\boldsymbol{r}_1, t_1, \boldsymbol{r}_2, t_2)$ Null, ausgenommen den speziellen Fall, daß man die Quelle als einen monochromatischen Strahler betrachten kann, d. h. unter der Bedingung

$$\Delta t \, \Delta \nu \leqq 1 , \tag{13}$$

wenn Δt die Beobachtungszeit ist und $\Delta \nu$ die Bandbreite des emittierten Spektrums. Aber man muß beachten, daß diese Bedingung eine Besonderheit dieser Art von Strahlungsquellen ist und daß man Monochromasie und Kohärenz nicht miteinander verwechseln darf. Zum Beispiel ist ein *reines* Feld, das nicht durch ein statistisches Gemisch dargestellt wird, immer vollständig kohärent.

Andererseits haben die GAUSSschen Strahlungsquellen

die Eigenschaft, *stationär* zu sein, d. h., daß die Kenntnis, die wir von ihnen haben, nicht von der Zeit abhängt. Das kann durch die mathematische Beziehung

$$\Gamma^{(1)}(\boldsymbol{r}_1 t_1, \boldsymbol{r}_2 t_2) = \Gamma^{(1)}[\boldsymbol{r}_1, \boldsymbol{r}_2, (t_2 - t_1)] \tag{14}$$

ausgedrückt werden.

Es handelt sich dabei um eine notwendige, aber nicht hinreichende Bedingung. In der Tat zieht die Stationarität die Invarianz aller Mittelwerte für eine beliebige Anordnung der Zeitintervalle nach sich.

Allgemeiner drückt Gl. (14) aus, daß Γ die Eigenschaft der Ergodizität besitzt. Es folgt aus dem Ergodizitätstheorem, das sich auf alle statistischen Erscheinungen bezieht, daß in diesem sehr speziellen Falle die Ensemblemittelwerte durch zeitliche Mittelwerte ersetzt werden können [9, 10, 11].

$$\Gamma(\boldsymbol{r}_1, \boldsymbol{r}_2, \tau) = \lim_{T\to\infty} \frac{1}{T} \int_0^T E(\boldsymbol{r}_1, t_1)\, E(\boldsymbol{r}_1, t_1 + \tau)\, \mathrm{d}t_1, \tag{15}$$

$$\tau = t_2 - t_1 .$$

In der klassischen statistischen Optik ist der Begriff des Ensemblemittels grundlegend. Jedoch behält dieser Begriff einen theoretischen Charakter. Die natürlichen optischen Strahlungsquellen sind nämlich stationär im Sinne von Gl. (14) und doch zugleich sehr schnellen Fluktuationen unterworfen. Unter diesen Bedingungen ist Gl. (15) erfüllt, selbst für eine Zeit T, die sehr kurz ist gegenüber der Ansprechzeit der klassischen Detektoren. Diese Detektoren messen also in Wirklichkeit einen Mittelwert. Folglich bleibt der Begriff des Ensemblemittelwertes formal, da ja die Meßgrößen durch Gl. (5) gegeben sind.

Die klassische Beschreibung der Strahlung weist einen besonderen Aspekt auf. In der Tat ist sie unabhängig von dem Nachweisverfahren. Man kann zeigen, daß es das elektrische Feld ***E*** ist, das in die meisten klassischen Nachweisverfahren eingeht; aber es ist nicht erforderlich, die Verknüpfung zwischen der Anzeige des Meßinstrumentes und der Feldstärke im einzelnen zu kennen.

Die klassische Beschreibung der optischen Kohärenz hingegen ist sehr eng mit der Natur der Quellen und der benutzten Meßinstrumente verknüpft.

KAPITEL II

Die Quantenfeldtheorie und die optische Kohärenz

A) Einführung

Man verdankt GLAUBER [12a—f] den ersten Versuch, unter alleiniger Benutzung der Prinzipien der Quantenfeldtheorie in konsequenter Weise die Beschreibung der optischen Kohärenz zu behandeln. Diese Art des Verfahrens sowie das wichtige theoretische Anliegen dieser Arbeiten haben wesentlich zur Klärung des Kohärenzbegriffs beigetragen. Man verfügt so über ein Arbeitsinstrument, das für das Studium der Korrelationsstatistik der optischen Felder sehr gut geeignet ist. Die modernen Untersuchungsmethoden auf diesem Gebiet ermöglichen es in der Tat, zu immer komplizierteren Experimenten überzugehen.

B) Quantisierung des Strahlungsfeldes

Wenn wir das Feld im leeren Raum betrachten, so können wir durch eine COULOMB-Eichung das skalare Potential aus den Rechnungen eliminieren. $\boldsymbol{A}(\boldsymbol{r}, t)$ sei das Vektorpotential, $\boldsymbol{E}(\boldsymbol{r}, t)$ das elektrische Feld und $\boldsymbol{B}(\boldsymbol{r}, t)$ die magnetische Induktion.

Die Feldgleichungen schreiben sich [13]

$$\nabla^2 \boldsymbol{A} - \frac{1}{c^2}\frac{\partial^2 \boldsymbol{A}}{\partial t^2} = 0, \tag{16}$$

$$\operatorname{div} \boldsymbol{A} = 0,$$

$$\boldsymbol{E} = -\frac{1}{c}\frac{\partial \boldsymbol{A}}{\partial t}, \qquad \boldsymbol{B} = \nabla \times \boldsymbol{A}. \tag{17}$$

Die Anfangs- und Randbedingungen für $\boldsymbol{A}$ bestimmen sich aus denjenigen, denen $\boldsymbol{E}$ und $\boldsymbol{B}$ unterworfen sind.

Da die Gleichungen, denen das Vektorpotential $\boldsymbol{A}$ genügt, linear sind, kann man $\boldsymbol{A}$ durch den Ausdruck

$$\boldsymbol{A}(\boldsymbol{r}, t) = c \sum_{k=0}^{\infty} \left(\frac{\hbar}{2\,\omega_k}\right)^{1/2} \times [a_k u_k(\boldsymbol{r})\, \mathrm{e}^{-\mathrm{i}\omega_k t} + a_k^* u_k^*(\boldsymbol{r})\, \mathrm{e}^{+\mathrm{i}\omega_k t}] \tag{18}$$

darstellen. Das nennt man Entwicklung nach Moden. a_k und a_k^* sind dimensionslose komplexe Zahlen. Die Funktionen $u_k(\boldsymbol{r})$ genügen den Gleichungen

$$\nabla^2 u_k(\boldsymbol{r}) + \frac{\omega_k^2}{c^2} u_k(\boldsymbol{r}) = 0, \qquad \nabla \cdot u_k(\boldsymbol{r}) = 0, \tag{19}$$

die den Gleichungen (2) und (3) entsprechen. Sie bilden ein vollständiges Orthonormalsystem, wenn man noch

$$\int u_k^*(\boldsymbol{r}) \cdot u_l(\boldsymbol{r})\, \mathrm{d}\boldsymbol{r} = \delta_{kl} \tag{20}$$

hinzunimmt.

Für den Fall, daß man die Strahlung in einem Würfel mit der Kantenlänge L betrachtet und Periodizitätsforderungen anstelle von Randbedingungen stellt, bekommt man

$$u_k(\boldsymbol{r}) = L^{-3/2}\, \hat{\boldsymbol{e}}^{(\lambda)} \exp(i\boldsymbol{k} \cdot \boldsymbol{r}). \tag{21}$$

$\hat{\boldsymbol{e}}^{(\lambda)}$ ist der Polarisations-Einheitsvektor, λ ist der Polarisationsindex ($\lambda = 1$ oder 2).

Die Feldquantisierung kann man vollziehen, indem man die Amplituden a_k und a_k^* als Operatoren a_k und a_k^+ betrachtet, die den Vertauschungsregeln

$$[a_k, a_{k'}] = [a_k^+, a_{k'}^+] = 0, \qquad [a_k, a_{k'}^+] = \delta_{kk'} \tag{22}$$

genügen [14].

Die Energie des elektromagnetischen Feldes schreibt sich

$$H = \frac{1}{2} \int (E^2 + B^2) \, \mathrm{d}\boldsymbol{r} = \sum_k H_k$$

$$= \frac{1}{2} \sum_k \hbar \omega_k (a_k^+ a_k + a_k a_k^+) . \quad (23)$$

H ist ein Operator. Er wird HAMILTON-Operator genannt. Jede Mode entspricht dann einem harmonischen Oszillator, von dem bekannt ist, daß die Quantisierung zu den folgenden Resultaten führt:

$$H_k \, | n_k > = \left(n_k + \frac{1}{2} \right) \hbar \omega_k \, | n_k > \quad (24)$$

$$a_k \, | O_k > = 0 \quad (25)$$

$$a_k \, | n_k > = n_k^{1/2} \, | n_k - 1 > \quad (26)$$

$$a_k^+ \, | n_k > = (n_k + 1)^{1/2} \, | n_k + 1 > \quad (27)$$

$$a_k^+ a_k \, | n_k > = n_k \, | n_k > \quad (28)$$

$$| n_k > = \frac{(a_k^+)^{n_k}}{(n_k!)^{1/2}} \, | O_k > . \quad (29)$$

n_k ist eine positive ganze Zahl.

Diese Eigenzustände der Energie sind stationär und werden Zustandsvektoren genannt. Sie bilden ein vollständiges Orthonormalsystem, das den Raum der *Besetzungszahlen* oder den FOCK-Raum aufspannt. Ein beliebiger Zustandsvektor $| \psi >$ zerlegt sich also in dieser Basis folgendermaßen:

$$| \psi > = \sum_{n=0}^{\infty} c_n | n > . \quad (30)$$

Die Gleichungen (26) und (27) führen dazu, a_k als *Vernichtungsoperator* und a_k^+ als *Erzeugungsoperator* eines

Photons mit der Energie $\hbar \omega_k$ zu interpretieren. Die Entwicklung des Feldes ist dann durch die Gleichung

$$i\hbar \frac{\partial}{\partial t} |\psi> = H |\psi> \tag{31}$$

bestimmt. Die Anfangsbedingungen werden durch Vorgabe eines Vektors $|\psi_0>$ zu einer Zeit t_0 eingeführt. Die Rolle der *Quelle* wird darin bestehen, die verschiedenen möglichen Moden des Strahlungsfeldes „aufzuladen". Die Randbedingungen fixieren den Fächer der Moden, die besetzt werden können. Zum Beispiel wird ein angeregter Hohlraumresonator eine Reihe wohldefinierter Moden besitzen. Wenn man ihn mit einem zweiten Hohlraum verbindet, indem man die Randbedingungen beider so wenig wie möglich stört, so werden in dem zweiten Hohlraum nur die gemeinsamen Moden angeregt. Im Gebiet der Radiowellen äußert sich das in der Existenz von *Durchlaßfrequenzen*, die für jeden Typ von Wellenleiter charakteristisch sind. Es kommt also vor, daß die Natur der Quelle gewisse Moden zu eliminieren gestattet, wodurch das Studium der Felder erleichtert wird.

Wir müssen jetzt das fundamentale mathematische Problem erörtern, das durch die Entwicklung nach Moden gegeben ist. Im Prinzip müssen — um die Konvergenz zu garantieren — alle Moden in der Entwicklung auftreten. Man hat also immer mit unendlichen Reihen zu tun, denn formal kann man auch die Integrale vom Typ

$$\int f(\boldsymbol{k}, \ldots)\, d\boldsymbol{k}$$

darauf zurückführen.

Wenn man im Studium der Theorie weiter voranschreitet, so bemerkt man, daß die Einführung von unendlich vielen Moden zu Schwierigkeiten in der Interpretation der numerischen Resultate führt. Das ist es, was man oft *Ultraviolettkatastrophe* nennt, wodurch Berechnungen des Energieaustauschs mit der Materie problematisch werden.

Das Problem findet eine Lösung für den Fall, daß man es mit Quellen zu tun hat, die oberhalb einer gewissen Wellenzahl k_m nicht mehr strahlen. In diesem Falle kann man die ganze Reihe (18) abschneiden. Alle Terme mit einem Wellenvektor $\boldsymbol{k}$, dessen Betrag größer als k_m ist, werden weggelassen.

Für den allgemeinen Fall fügen wir hier einige Betrachtungen ein, welche die Anwendung der Theorie betreffen. Um numerische Resultate zu erhalten, ist man in den meisten Fällen gezwungen, eine Näherungsmethode anzuwenden, die das untersuchte Phänomen willkürlich zerlegt.

Wenn man die Methode der Störungstheorie benutzt, begnügt man sich in den meisten Fällen mit der ersten Näherungsordnung; mitunter braucht man die zweite Ordnung. Beide sind in guter Übereinstimmung mit der Erfahrung. Die erste Ordnung kommt in Betracht, wenn alles linear ist. Die zweite Ordnung hat mit quadratischen Ausdrücken der physikalischen Größen zu tun.

Die Rechtfertigung der linearen Näherung beruht auf dem Umstand, daß für die betrachteten Felder die Wellenpakete, welche die Photonen darstellen, räumlich voneinander getrennt sind. Sie bilden *Nadelstrahlen* [17a, b]. Dieses Bild illustriert die große Ausdehnung des mit einem Photon verknüpften Wellenpakets in Ausbreitungsrichtung und seine extreme Schärfe in der dazu senkrechten Richtung.

Jedoch für sehr hohe Frequenzen überlappen die Nadelstrahlen einander, ähnlich wie zwei einander durchdringende Elektronenwellen. In diesem Falle sind die auftretenden Erscheinungen grundsätzlich nichtlinear, und die Näherungsmethoden sind nicht mehr gerechtfertigt.*)

*) Diese Diskussion hat nur den Charakter einer heuristischen Überlegung. In der strengen Quantentheorie hat der Begriff der Nadelstrahlung keinen Platz (Anm. d. Herausgebers).

Wir lassen das Studium dieser Felder beiseite, deren experimentelle Realisierung man nur vermuten kann. Für die Felder im optischen Bereich sind die Nadelstrahlen völlig unabhängig voneinander, und nichtlineare Effekte der Strahlung selbst sind vollständig vernachlässigbar.

Diese Überlegung berechtigt uns, Moden mit extrem hohen Frequenzen beiseite zu lassen, da diese mit der Beschreibung von Erscheinungen zu tun haben, die wir von vornherein durch die Wahl der Näherungsmethode außer acht lassen.

In diesem Falle werden wir schließen, daß die Reihe (18) bei einem Wert k_M abgebrochen werden kann, der der Bedingung der Überlappung der Nadelstrahlen entspricht:

$$|\boldsymbol{k}| \leqq k_M . \tag{32}$$

C) Die kohärenten Zustände

1. Man nennt diejenigen Quantenzustände, die durch die Gleichung

$$a_k \,|\alpha_k > \, = \alpha_k \,|\alpha_k > \tag{33}$$

definiert sind, kohärente Zustände [18].

Es sind also Eigenzustände des Vernichtungsoperators. Aber da dieser nicht hermitesch ist, sind die Eigenwerte α_k komplexe Zahlen, die zeitunabhängig sind, wenn man sich — wie wir annehmen werden — im HEISENBERG-Bild befindet.

Wenn wir uns auf das Studium einer Mode beschränken, so schreibt sich die Entwicklung nach Zuständen $|n_k >$ mit scharfer Besetzungszahl so:

$$|a_k > \, = \sum_n |n_k > < n_k|\alpha_k > . \tag{34}$$

Wenn wir auf beiden Seiten von Gl. (33) das Skalarprodukt mit $< n_k|$ bilden, erhalten wir die Iterationsformel

$$(n_k + 1)^{1/2} < n_k + 1 \,|\, \alpha_k > = \alpha_k < n_k \,|\, \alpha_k >, \tag{35}$$

woraus

$$< n_k \,|\, \alpha_k > = \frac{(\alpha_k)^n}{(n_k!)^{1/2}} < 0 \,|\, \alpha_k >, \tag{36}$$

$$< \alpha_k \,|\, \alpha_k > = |< 0|\, \alpha_k >|^2 \sum_n \frac{|\alpha_k|^{2n}}{n!},$$

$$< \alpha_k \,|\, \alpha_k > = |< 0 \,|\, \alpha_k >|^2 \, \mathrm{e}^{|\alpha_k|^2} \tag{37}$$

folgt. Aus der Normierungsbedingung

$$< \alpha_k | \alpha_k > = 1 \tag{38}$$

folgt (wenn man einen willkürlichen Phasenfaktor gleich 1 setzt)

$$< 0 | \alpha_k > = \exp\left(-\frac{1}{2} |\alpha_k|^2\right). \tag{39}$$

Also hat man die folgende Entwicklung:

$$|\alpha_k > = \exp\left(-\frac{1}{2} |\alpha_k|^2\right) \sum_n \frac{(\alpha_k)^n}{(n_k!)^{1/2}} \,|\, n_k >. \tag{40}$$

Daraus ergeben sich die Gleichungen [19]

$$|< n_k | \alpha_k >|^2 = \frac{|\alpha_k|^{2n}}{(n_k!)} \, \mathrm{e}^{-|\alpha_k|^2}, \tag{41}$$

$$|< \alpha_k | \beta_k >|^2 = \exp\{-|\alpha_k - \beta_k|^2\}, \tag{42}$$

$$|\alpha_k > = \exp\{\alpha_0 a^+ - \alpha_k^* a\} | 0 >. \tag{43}$$

Wir führen die Operatóren p und q zur Mode k ein:

$$q = \left(\frac{\hbar}{2\,\omega}\right)^{1/2} (a^+ + a), \tag{44}$$

$$p = \mathrm{i}\left(\frac{\hbar\omega}{2}\right)^{1/2}(a^+ - a). \tag{45}$$

Diese Operatoren genügen der Vertauschungsregel

$$[q, p] = \mathrm{i}\hbar. \tag{46}$$

Setzen wir

$$q\,|q'> = q'\,|q'>, \tag{47}$$

$$p\,|p'> = p'\,|p'>, \tag{48}$$

so haben wir

$$p\,|q'> = -\,\mathrm{i}\hbar\,\frac{\partial}{\partial q'}\,|q'>. \tag{49}$$

Mit Hilfe der Gln. (44) und (45) kann man den Operator a in der Form

$$a = (2\hbar\omega)^{-1/2}(\omega q + \mathrm{i}p) \tag{50}$$

ausdrücken, und die Definitionsgleichung (33) schreibt sich

$$(2\hbar\omega)^{-1/2}(\omega q + \mathrm{i}p)\,|\alpha> = \alpha\,|\alpha>. \tag{51}$$

Die Wellenfunktion in der q-Darstellung ist durch den Ausdruck $< q'|\alpha >$ gegeben. Durch Bildung des skalaren Produkts mit $< q'|$ auf beiden Seiten der letzten Gleichung erhält man

$$\alpha < q'|\alpha > = (2\hbar\omega)^{1/2} < q'|\,\omega q + \mathrm{i}p\,|\alpha>,$$

$$\alpha < q'|\alpha > = 2(\hbar\omega)^{1/2}\,[\omega < q'|q|\alpha>$$

$$+\,\mathrm{i} < q'|p|\alpha>].$$

Nun ist

$$< q'|p|\alpha > = -\,\mathrm{i}\hbar\,\frac{\partial}{\partial q'} < q'|\alpha> \tag{52}$$

und

$$< q'|q|\alpha > = q' < q'|\alpha>. \tag{53}$$

Die Wellenfunktion $< q' | \alpha >$ ist also Lösung der Differentialgleichung

$$\alpha < q' | \alpha > = (2\hbar\omega)^{-1/2} \left[\omega q' < q' | \alpha > + \hbar \frac{\partial}{\partial q'} < q' | \alpha > \right],$$

$$\hbar \frac{\partial}{\partial q'} < q' | \alpha > = (2\hbar\omega)^{1/2} \alpha < q' | \alpha > - \omega q' < q' | \alpha >,$$

$$\frac{\partial}{\partial q'} < q' | \alpha > = [(2\hbar\omega)^{1/2} \alpha - \omega q'] < q' | \alpha > . \quad (54)$$

Diese Gleichung hat als normierte Lösung die Wellenfunktion

$$< q' | \alpha > = \left(\frac{\omega}{\pi\hbar}\right)^{1/4} \exp\left\{ - \left[\left(\frac{\omega}{2\hbar}\right)^{1/2} q' - \alpha \right]^2 \right\}. \quad (55)$$

Ebenso erhält man für die Wellenfunktion in der p-Darstellung

$$< p' | \alpha > = (\pi\hbar\omega)^{-1/4} \exp\{-[(2\hbar\omega)^{-1/2} p' + \mathrm{i}\alpha]^2\}. \quad (56)$$

Das sind Wellenfunktionen des quantisierten harmonischen Oszillators, die schon von SCHRÖDINGER [20] untersucht wurden. Sie besitzen sehr interessante Eigenschaften, die wir im einzelnen im zweiten Teil (S. 70) studieren werden.

Im SCHRÖDINGER-Bild hätte man

$$| \alpha >_S = \exp\left(- \frac{\mathrm{i}}{\hbar} H t \right) | \alpha >, \quad (57)$$

$$H = \hbar\omega a^+ a . \quad (58)$$

Man kann also nach der Entwicklung (40) schreiben

$$| \alpha >_S = | \alpha \, \mathrm{e}^{-\mathrm{i}\omega t} > . \quad (59)$$

2. Das elektrische Feld $E(\boldsymbol{r}, t)$, das in dieser Beschreibung ein auf den Zustandsvektor wirkender Operator wird, läßt sich schreiben:

$$E = E^{(+)} + E^{(-)}, \tag{60}$$

$$E^{(+)} = \mathrm{i} \sum_k \left(\frac{1}{2} \hbar \omega_k\right)^{1/2} a_k u_k(\boldsymbol{r}) \, \mathrm{e}^{-\mathrm{i}\omega_k t}, \tag{61}$$

$$E^{(-)} = \mathrm{i} \sum_k \left(\frac{1}{2} \hbar \omega_k\right)^{1/2} a_k^+ u_k(\boldsymbol{r}) \, \mathrm{e}^{+\mathrm{i}\omega_k t}. \tag{62}$$

Wir untersuchen die Eigenwerte des Eigenvektors von $E^{(+)}$:

$$E^{(+)} | \varepsilon > = \varepsilon | \varepsilon > . \tag{63}$$

Die Eigenzustände $| \varepsilon >$ sind nach den Gln. (33) und (61)

$$| \varepsilon > = \prod_k | \alpha_k > = | \{\alpha_k\} > . \tag{64}$$

Wir werden sie *global kohärente Zustände* nennen:

$$\varepsilon(\boldsymbol{r}, t) = \mathrm{i} \sum_k \left(\frac{1}{2} \hbar \omega_k\right)^{1/2} \alpha_k u_k(\boldsymbol{r}) \, \mathrm{e}^{-\mathrm{i}\omega_k t}. \tag{65}$$

Nun ist

$$E^{(-)} = (E^{(+)})^+, \tag{66}$$

also haben wir

$$< \varepsilon^* | E^{(-)} = \varepsilon^* < \varepsilon^* | . \tag{67}$$

Man wird die α_k die *quantentheoretischen Koeffizienten des Feldes* nennen, nach Vergleich mit Gl. (1), worin

$$c_k = \mathrm{i} \left\{\frac{\hbar \omega_k}{2}\right\}^{1/2} \alpha_k \tag{68}$$

zu setzen wäre.

Man muß betonen, daß die Eigenwerte $\varepsilon(\boldsymbol{r}, t)$ keine unmittelbare physikalische Bedeutung haben, weil der Feldstärkeoperator $E^{(+)}$ nicht hermitesch ist.

3. Aus den behandelten Eigenschaften kann man die folgende sehr wichtige Beziehung ableiten:

$$\pi \sum_n |n_k> < n_k|$$

$$= \int\limits_{\mathrm{Re}\,\alpha_k = -\infty}^{\mathrm{Re}\,\alpha_k = +\infty} \int\limits_{\mathrm{Im}\,\alpha_k = -\infty}^{\mathrm{Im}\,\alpha_k = +\infty} |\alpha_k> < \alpha_k| \,\mathrm{d}\,\mathrm{Re}\,\alpha_k \,\mathrm{d}\,\mathrm{Im}\,\alpha_k\,.$$

Für den Fall mehrerer Moden lautet diese Gleichung

$$\pi \sum_n \prod_k |n_k> < n_k|$$

$$= \int\limits_{\mathrm{Re}\,\alpha_1 = -\infty}^{\mathrm{Re}\,\alpha_1 = +\infty} \int\limits_{\mathrm{Re}\,\alpha_2 = -\infty}^{\mathrm{Re}\,\alpha_2 = +\infty} \cdots \int\limits_{\mathrm{Im}\,\alpha_1 = -\infty}^{\mathrm{Im}\,\alpha_1 = +\infty} \int\limits_{\mathrm{Im}\,\alpha_2 = -\infty}^{\mathrm{Im}\,\alpha_2 = +\infty} \cdots$$

$$\cdots \prod_k |\alpha_k> < \alpha_k| \,\mathrm{d}\,\mathrm{Re}\,\alpha_k \,\mathrm{d}\,\mathrm{Im}\,\alpha_k\,.$$

Wir setzen

$$\mathrm{d}^2\alpha_k = \mathrm{d}\,\mathrm{Re}\,\alpha_k \,\mathrm{d}\,\mathrm{Im}\,\alpha_k$$

und werden folgende Vereinbarung treffen: Die Vielfachheit eines Integrals wird durch die Anzahl seiner Differentialelemente angezeigt. Das Integrationsgebiet soll sich von $-\infty$ bis $+\infty$ erstrecken, falls nichts Gegenteiliges vermerkt ist. Mit dieser Vereinbarung kann man die obigen Gleichungen in die Form

$$\int |\alpha_k> < \alpha_k| \,\mathrm{d}^2\alpha_k = \pi \sum_n |n_k> < n_k|$$

umschreiben, und unter Berücksichtigung von Gl. (64) ist

$$\int | \{\alpha_0\}> < \{\alpha_k\}| \prod_k \mathrm{d}^2\alpha_k = \pi \sum_n \prod_k |n_k> < n_k|\,. \tag{69}$$

Die Eigenzustände des *Besetzungszahloperators* bilden ein vollständiges Orthonormalsystem. Sie genügen der Vollständigkeitsrelation

$$\sum_{n_k} |n_k> < n_k| = 1\,, \tag{70}$$

und es ist

$$< n_i | n_j > = \delta_{ij} . \tag{71}$$

Man hat also

$$\frac{1}{\pi} \int | \{\alpha_k\} > < \{\alpha_k\} | \prod_k \mathrm{d}^2 \alpha_k = 1 , \tag{72}$$

was eine Vollständigkeitsrelation für die $| \{\alpha_k\} >$ darstellt. Aber diese Zustände sind nicht orthonormiert, wie Gl. (42) bezeugt. Man sagt, daß sie ein *übervollständiges* System bilden. Das heißt: Ein beliebiger Zustand kann nach der von diesen Zuständen gebildeten Basis zerlegt werden; aber die Zerlegung ist nicht eindeutig, weil die $| \alpha >$ nicht linear unabhängig sind [21].

Wir betrachten eine beliebige konvergente Folge von komplexen Zahlen α_n. Man kann beweisen [22], daß dann die Menge $| \alpha_n >$ (die eine Teilmenge der $| \alpha >$ ist) ein vollständiges System von linear unabhängigen Vektoren darstellt. Es gibt also von vornherein so viele verschiedene Zerlegungen, wie es verschiedene konvergente Folgen α_n gibt.

Die Zustände $| \alpha_k >$ sind untereinander durch die folgenden Gleichungen [23] verknüpft:

$$\int | \alpha_k > \alpha_k^n \exp \left(- \frac{1}{2} | \alpha_k |^2 \right) \mathrm{d}^2 \alpha_k = 0 \tag{73}$$

für alle $n > 0$.

Sie illustrieren die Abhängigkeit der $| \alpha_k >$.

Diesen wichtigen Unterschied im Vergleich zu der Besetzungszahl-Basis wird man beachten müssen. Man wird einen Vektor nicht mehr umkehrbar eindeutig seine Zerlegung zuordnen können. In der Praxis vereinbart man eine willkürliche Regel, die eine eindeutige Zuordnung zwischen den Entwicklungskoeffizienten und den Zuständen sicherstellt.

Wenn man sich auf das Studium einer Mode beschränkt, so kann man für einen beliebigen Zustand $|\,>$

$$|\,> = \sum_n c_n \,|n> \tag{74}$$

schreiben, und nach Gl. (29)

$$|\,> = \sum_n c_n \frac{(a^+)^n}{(n!)^{1/2}} |0>. \tag{75}$$

Setzt man nun

$$f(z) = \sum_n c_n \frac{z^n}{(n!)^{1/2}}, \tag{76}$$

so sieht man, daß man jedem Zustand $|\,>$ mit Hilfe der Gln. (75) und (76) genau eine Funktion $f(z)$ zuordnen kann. Die Umkehrung ist gleichfalls richtig: Jeder Funktion $f(z)$, die in der gesamten komplexen Ebene analytisch ist, entspricht genau ein Zustand $|\,>$. Man kann also einen beliebigen Zustand mit $|f>$ bezeichnen, wobei f die zugeordnete Funktion ist. Gl. (75) läßt sich also

$$|f> = f(a^+)\,|0> \tag{77}$$

schreiben.

Unter Benutzung von Gl. (72) kann man schreiben

$$|f> = \frac{1}{\pi} \int |\alpha> <\alpha|\, f(a^+)\,|0> \mathrm{d}^2\alpha .$$

Nach der Definition (33) der kohärenten Zustände gilt nun (da ja $f(z)$ eine reguläre Funktion ist)

$$<\alpha|\, f(a^+) = <\alpha|\, f(\alpha^*). \tag{78}$$

Mit Gl. (39), das ist

$$<\alpha|0> = \exp\left(-\frac{1}{2}|\alpha|^2\right),$$

bekommen wir

$$|f> = \frac{1}{\pi} \int f(\alpha^*) \exp\left(-\frac{1}{2}|\alpha|^2\right) |\alpha> \mathrm{d}^2\alpha. \tag{79}$$

Diese Entwicklung läßt sich umkehren. Man erhält

$$f(\alpha^*) = \exp\left(+\frac{1}{2}|\alpha|^2\right) < \alpha|f> . \qquad (80)$$

Diese Ergebnisse lassen sich leicht verallgemeinern für den Fall, daß sich die Zerlegung auf mehrere Moden bezieht.

Korrelationsfunktionen und damit verbundene Effekte

A) Die Messung des Feldes in der Quantentheorie

Die Besonderheit der Quantentheorie ist ihr Anspruch, universell zu sein. Das ist es, was uns zwingt, ein Problem im entsprechenden Ensemble zu behandeln. Insbesondere kann das Meßinstrument selbst nicht nach Belieben von dem physikalischen System, dessen Größen wir messen wollen, getrennt werden. Wir werden den Prozeß der Strahlungsmessung im einzelnen analysieren.

Wir begeben uns in das Wechselwirkungsbild [23']:

$$i\hbar \frac{\partial}{\partial t} |t> = H_I(t) \, |t>, \tag{81}$$

$$|t> = U(t, t_0) \, |t_0>. \tag{82}$$

$H_I(t)$ ist der zeitabhängige HAMILTON-Operator des Systems; $U(t, t_0)$ ist der unitäre Entwicklungsoperator.

Wir werden jetzt das aus dem Strahlungsfeld und einem einzelnen, mit ihm wechselwirkenden Atom zusammengesetzte System untersuchen. Wir nehmen an, daß keine direkte Kopplung zwischen der Quelle und diesem Atom besteht, das jetzt als Detektor betrachtet werden soll. Die Strahlung wird durch induzierte Übergänge in diesem Atom nachgewiesen, das wir als Photodetektor bezeichnen wollen. Unter diesen Bedingungen schreibt sich der HAMILTON-Operator

$$H_I(t) = -e \sum_{\gamma} q_{\gamma}(t) \cdot E(\boldsymbol{r}, t). \tag{83}$$

$q_{\gamma}(t)$ ist der Ortsoperator des γ-ten Elektrons, und $E(\boldsymbol{r}, t)$ ist der Feldoperator am Ort $\boldsymbol{r}$ des Kerns.

Diese Wahl entspricht den folgenden Näherungen.

1. Die Bewegung der Elektronen wird in nichtrelativistischer Näherung behandelt. Das ist durch den Umstand gerechtfertigt, daß die ins Spiel kommenden Energien gegenüber der Selbstenergie des Elektrons klein bleiben.

2. Man betrachte den Operator $E(\boldsymbol{r}, t)$ als räumlich konstant in einem Gebiet, dessen Abmessungen groß sein müssen gegenüber denen des Atoms. Das ist durch den Umstand gerechtfertigt, daß die optischen Wellenlängen viel größer als die Ausdehnung der Atome sind. Dies ist die Dipolnäherung. Für sehr hohe Frequenzen müßte man eine Multipolentwicklung des HAMILTON-Operators einführen. Man würde dann nicht mehr eine so einfache Beziehung zwischen den Übergangswahrscheinlichkeiten und dem Zustand des Feldes erhalten. Das würde die Benutzung des Atoms als Photodetektor sehr schwierig gestalten. Aber bei optischen Frequenzen können die Multipolterme völlig vernachlässigt werden. Ist λ_0 der Durchmesser des Atoms, so ist

$$\lambda/\lambda_0 \approx 10^3 .$$

3. Den mit der Entwicklung von $E(\boldsymbol{r}, t)$ in eine unendliche Reihe verbundenen Schwierigkeiten kann man entgehen, wenn man die vor der Beziehung (32) entwickelten Betrachtungen beachtet. Wir werden uns auf Resultate beschränken, die von der ersten Ordnung der Störungstheorie geliefert werden:

$$|t> = \left\{1 + \frac{1}{\mathrm{i}\hbar} \int_{t_0}^{t} H_I(t')\,\mathrm{d}t'\right\} |t_0> . \tag{84}$$

Wir haben das Wechselwirkungsbild gewählt, weil es dieser Näherung angepaßt ist. Die Näherung ist gerechtfertigt, weil die Wechselwirkungsenergie sehr viel schwächer als die Energien des Strahlungsfeldes und des Atoms ist. Der Zustand $|t>$ ist dann langsam veränderlich, und

$H(t)$ ändert sich langsam im Laufe der Zeit. Diese Bedingungen sind gut realisiert, da ja die Kopplungskonstante $\alpha = \frac{1}{137}$ klein ist.

Wir nehmen an, daß das System anfangs im Zustand

$$|gi> = |g> |i> \tag{85}$$

ist. Dabei soll $|i>$ ein Zustand des Feldes und $|g>$ der Grundzustand des Detektoratoms sein.

Wir werden die Wahrscheinlichkeit dafür berechnen, daß man unter dem Einfluß der Kopplung einen Übergang des Zustands $|gi>$ in den Zustand

$$|af> = |a> |f>$$

beobachtet. $|a>$ ist ein angeregter Zustand des Atoms, $|f>$ der Endzustand des Feldes.

Diese Wahrscheinlichkeit ist durch das Matrixelement

$$<af| U(t, t_0) |gi> = \frac{1}{i\hbar} \int_{t_0}^{t} < af| H_I(t') |gi> \mathrm{d}t' \tag{86}$$

gegeben. Da die Operatoren $q_\gamma(t)$ und $E(\boldsymbol{r}, t)$ vertauschbar sind, erhalten wir

$$<af| U(t, t_0) |gi>$$
$$= \frac{ie}{\hbar} \sum_\gamma \int_{t_0}^{t} < a| q_\gamma(t') |g> < f| E(\boldsymbol{r}, t') |i> \mathrm{d}t'.$$

Definitionsgemäß hat man

$$q_\gamma(t') = \exp\left[+\frac{i}{\hbar} H_0 t'\right] q_\gamma(0) \exp\left[-\frac{i}{\hbar} H_0 t'\right] \tag{87}$$

$$H_0 = H_{0\mathrm{At}} + H_{0\mathrm{F}}.$$

H_0 ist der wechselwirkungsfreie HAMILTON-Operator des Systems, $H_{0\mathrm{At}}$ der des Atoms und $H_{0\mathrm{F}}$ derjenige des

Feldes. Weil die Operatoren $H_{0\mathrm{F}}$, $H_{0\mathrm{At}}$ und $q_\gamma(0)$ vertauschbar sind, bleibt

$$q_\gamma(t') = \exp\left[+\frac{\mathrm{i}}{\hbar} H_{0\mathrm{At}} t'\right] q_\gamma(0) \exp\left[-\frac{\mathrm{i}}{\hbar} H_{0\mathrm{At}} t'\right].$$

Nun hat man aber per Definition

$$< a | H_{0\mathrm{At}} | a > = E_a; \; < g | H_{0\mathrm{At}} | g > = E_g.$$

Wenn wir

$$M_{ag} = < a | \sum_\gamma q_\gamma(0) | g >, \tag{88}$$

$$E_a - E_g = \hbar \omega_{ag}$$

setzen, erhalten wir

$$< a | \sum_\gamma q_\gamma(t') | g > = M_{ag} \exp(\mathrm{i}\omega_{ag} t'),$$

$$\begin{aligned} &< af | U(t, t_0) | gi > \\ &\quad = \frac{\mathrm{i}e}{\hbar} \int_{t_0}^{t} \exp(\mathrm{i}\omega_{ag} t') M_{ag} \\ &\quad \times < f | [E^{(+)}(\boldsymbol{r}, t') + E^{(-)}(\boldsymbol{r}, t')] | i > \mathrm{d}t'. \end{aligned}$$

Die Matrixelemente M_{ag} sind charakteristische Koeffizienten des Atoms. Wir haben den Feldoperator in zwei Operatoren zerlegt, einen positiv-frequenten, aus Vernichtungsoperatoren zusammengesetzten Operator $E^{(+)}$, und einen negativ-frequenten, aus Erzeugungsoperatoren zusammengesetzten Operator $E^{(-)}$ [s. Gln. (60) bis (62)]:

$$E(\boldsymbol{r}, t) = E^{(+)}(\boldsymbol{r}, t) + E^{(-)}(\boldsymbol{r}, t).$$

Das Integral über die Terme mit $e^{\mathrm{i}\omega t'}$, die im Emissionsoperator $E^{(-)}(\boldsymbol{r}, t)$ enthalten sind, oszilliert sehr schnell mit der Zeit t und liefert für $t - t_0 \gg 0$ keinen Beitrag. Es bleibt also der Term

$$< f | E^{(+)}(\boldsymbol{r}, t) | i >.$$

Wenn man den Endzustand des Feldes nicht kennt, so muß man die Wahrscheinlichkeit eines Übergangs $|g> \to |a>$ für alle möglichen Endzustände $|f>$ des Feldes ins Auge fassen:

$$p(t) = \sum_f |<af| U(t, t_0) |gi>|^2. \tag{89}$$

Wir hätten also unter dem Integral die Summe

$$\sum_f <f| E^{(+)} |i>^* <f| E^{(+)} |i>.$$

Wenn wir aber alle Endzustände $|f>$ betrachten, so gilt

$$\sum_f |f> < f| = 1.$$

Weiterhin ist

$$<f| E^{(+)} |i>^* = <i| E^{(-)} |f>.$$

Obige Summe wird demnach (wenn der Polarisationsindex nicht ausgeschrieben wird)

$$< i| E^{(-)} \cdot E^{(+)} |i>. \tag{90}$$

Man erhält also schließlich*)

$$p(t) = \left(\frac{e}{\hbar}\right)^2 \int_{t_0}^{t} \int_{t_0}^{t} \mathrm{d}t' \, \mathrm{d}t'' \exp\left[\mathrm{i}\omega_{ag}(t'' - t')\right]$$
$$\times |M_{ag}|^2 < i| E^{(-)}(\boldsymbol{r}, t') \cdot E^{(+)}(\boldsymbol{r}, t'') |i>. \tag{91}$$

Die Messungen sind in Wirklichkeit über *Präparationen* erstreckt, die man durch den Dichteoperator

$$\varrho = \sum_i p_i |i> < i| \tag{92}$$

charakterisieren kann, wobei p_i die Wahrscheinlichkeit ist, daß man das Feld im Zustand $|i>$ findet.

*) Dies gilt nur für linear polarisiertes Licht. Für den allgemeinen Fall vgl. H. PAUL, Fortschr. Phys. 14 (1966) 141 (Anm. d. Herausgebers).

Man hat also den Ausdruck

$$< i|\, E^{(-)}(\boldsymbol{r}, t') \cdot E^{(+)}(\boldsymbol{r}, t'')\, |i>$$

durch

$$\sum_i p_i < i|\, E^{(-)}(\boldsymbol{r}, t)' \cdot E^{(+)}(\boldsymbol{r}, t'')\, |i> \tag{93}$$

zu ersetzen. Weiterhin kann man schreiben [23″]:

$$< i|\, E^{(-)}(\boldsymbol{r}, t') \cdot E^{(+)}(\boldsymbol{r}, t'')\, |i>$$
$$= \mathrm{Sp}\,\{|i> < i|\, E^{(-)}(\boldsymbol{r}, t') \cdot E^{(+)}(\boldsymbol{r}, t'')\}, \tag{94}$$

wo das Symbol Sp = *Spur* die *Summe der Diagonalelemente der darstellenden Matrix* bedeutet.

So gelangt man zu dem allgemeinen Resultat:

$$p(t) = \left(\frac{e}{\hbar}\right)^2 \int_{t_0}^{t} \int_{t_0}^{t} \mathrm{d}t'\, \mathrm{d}t''\, \exp\,[i\,\omega_{ag}(t'' - t')]$$
$$\times\, |M_{ag}|^2\, \mathrm{Sp}\,\{\varrho E^{(-)}(\boldsymbol{r}, t')\, E^{(+)}(\boldsymbol{r}, t'')\}. \tag{95}$$

Man setzt

$$G^{(1)}(\boldsymbol{r}, t'; \boldsymbol{r}, t'') = \mathrm{Sp}\,\{\varrho E^{(-)}(\boldsymbol{r}, t') \cdot E^{(+)}(\boldsymbol{r}, t'')\}. \tag{96}$$

Diese Funktion werden wir mit Glauber [12e] *quantentheoretische Korrelationsfunktion erster Ordnung* nennen.

In der Praxis saugt man die Anzahl von Elektronen ab, die aus einer Ansammlung von Atomen freigesetzt wird. Diese Elektronen nennt man Photoelektronen. Sie erzeugen durch Ionisierung einen makroskopischen Strom, der mit einem klassischen Gerät gemessen werden kann. Dieses bildet den Schlußpunkt des Prozesses der Feldmessung.

Die wesentliche Größe, die dabei ins Spiel kommt, ist also

$$P(t) = \sum_a p_{a \to g}(t). \tag{97}$$

Wenn wir weiter annehmen, daß das Atom einen idealen breitbandigen Photodetektor bildet, was darauf hinausläuft, die Konstanz von $|M_{ag}|^2$ in einem gewissen Frequenzintervall vorauszusetzen, so erhalten wir die sehr einfache Gleichung

$$P(t) = s \int_{t_0}^{t} G^{(1)}(\boldsymbol{r}, t'; \boldsymbol{r}, t'')\,\mathrm{d}t' \tag{98}$$

mit

$$s = 2\pi \left(\frac{e}{\hbar}\right)^2 \sum_a |M_{ag}|^2 . \tag{99}$$

Die Größe s nennt man Empfindlichkeit.

Per Definition ist die Rate der von diesem idealen Photodetektor gezählten Elektronen, d. h. der elektrische Strom, gegeben durch

$$W^{(1)}(t) = s\,G^{(1)}(\boldsymbol{r}t, \boldsymbol{r}t) . \tag{100}$$

Diese positiv definierte Größe, in die nur die Feldstärke an einem Raumpunkt zu einem gegebenen Zeitpunkt eingeht, ist somit das Analogon der klassischen Intensität.

Man kann diese Analyse auf das Studium der durch das Feld induzierten Übergänge an n Atomen mit den Raumkoordinaten $\boldsymbol{r}_1, \boldsymbol{r}_2, \ldots, \boldsymbol{r}_n$ verallgemeinern. Auf diese Weise bekommt man den Ausdruck

$$W^{(n)}(t_1, \ldots, t_n) = s^n G^{(n)}(\boldsymbol{r}_1 t_1, \ldots, \boldsymbol{r}_n t_n; \boldsymbol{r}_n t_n, \ldots, \boldsymbol{r}_1 t_1), \tag{101}$$

wo die Funktion

$$G^{(n)}(\boldsymbol{r}_1 t_1, \ldots, \boldsymbol{r}_n t_n; \boldsymbol{r}_n t_n, \ldots, \boldsymbol{r}_1 t_1) = \mathrm{Sp}\,\{\varrho E^{(-)}(\boldsymbol{r}_1, t_1) \ldots E^{(-)}(\boldsymbol{r}_n, t_n) E^{(+)}(\boldsymbol{r}_n, t_n) \ldots E^{(+)}(\boldsymbol{r}_1, t_1)\} \tag{102}$$

als quantentheoretische Korrelationsfunktion n-ter Ordnung bezeichnet wird.

Vorausgesetzt ist, daß die Detektoratome hinreichend voneinander entfernt sind, um sich nicht gegenseitig zu beeinflussen, und daß die Empfindlichkeiten s für alle Atome gleich sind.

Die Funktion $W^{(n)}(t_1, \ldots, t_n)$ stellt die Zählrate der Elektronen mit den Koordinaten $\boldsymbol{r}_1, \boldsymbol{r}_2, \ldots, \boldsymbol{r}_n$ zu den Zeiten $t_1, t_2, \ldots, t_n$ dar. Sie mißt also die Wahrscheinlichkeit des simultanen Nachweises von n Photonen [24].

Alle Probleme der Feldmessung lassen sich also auf die Bestimmung der quantentheoretischen Korrelationsfunktionen zurückführen [25].

B) Eigenschaften der quantentheoretischen Korrelationsfunktionen

Es sei die Schreibweise

$$G^{(n)}(x_1, \ldots, x_{2n})$$
$$= \mathrm{Sp}\,\{\varrho E^{(-)}(x_1) \ldots E^{(-)}(x_n)\, E^{(+)}(x_{n+1}) \ldots E^{(+)}(x_{2n})\} \quad (103)$$

eingeführt, wobei $x_j = \{\boldsymbol{r}_j, t_j\}$ ist und Polarisationsindizes nicht ausgeschrieben sind.

Wir zitieren die fundamentalen Eigenschaften der quantentheoretischen Korrelationsfunktionen $G^{(n)}$ [26]:

1. Für den Fall, daß die im Feld vorhandene Photonenzahl durch den Wert M begrenzt ist, ist

$$G^{(p)} \equiv 0 \quad \text{für alle } p > M. \quad (104)$$

2. $[G^{(n)}(x_1 \ldots x_{2n})]^* = G^{(n)}(x_{2n} \ldots x_1)$. (105)

3. $G^{(n)}(x_1 \ldots x_n, x_n \ldots x_1) \geqq 0$. (106)

4. $$| G^{(n)}(x_1 \ldots x_n, x_{n+1} \ldots x_{2n}) |^2 \leqq G^{(n)}(x_1 \ldots x_n, x_n \ldots x_1)$$
$$\times\, G^{(n)}(x_{n+1} \ldots x_{2n}, x_{2n} \ldots x_{n+1}). \quad (107)$$

C) Kohärenz in der Quantentheorie

Wir werden diejenigen Felder *vollständig kohärent* nennen, die für alle n die Gleichungen [27b, 27a]

$$|G^{(n)}(x_1 \dots x_{2n})|^2 = \prod_{j=1}^{2n} G^{(1)}(x_j, x_j) \tag{108}$$

erfüllen.

Wenn man die normierte Korrelationsfunktion

$$g^{(n)}(x_1 \dots x_{2n}) = \frac{G^{(n)}(x_1 \dots x_{2n})}{\prod_{j=1}^{2n} [G^{(1)}(x_j, x_j)]^{1/2}} \tag{109}$$

einführt, so schreiben sich diese Gleichungen

$$|g^{(n)}(x_1 \dots x_{2n})| = 1 . \tag{110}$$

Den Gleichungen (106) und (107) zufolge gilt

$$0 \leqq |g^{(n)}(x_1 \dots x_{2n})| \leqq 1 . \tag{111}$$

Nach Gl. (101) sind die *vollständig kohärenten* Felder diejenigen, welche die simultane Auffindungswahrscheinlichkeit $W(t_1, t_2, \dots, t_n)$ zu einem Maximum machen. Sie garantieren die maximale Koinzidenz der Auffindung der Photonen an allen Punkten des Feldes.

Für die reellen Felder definiert man als Kohärenzgrad n-ter Ordnung den Ausdruck

$$|g^{(n)}(x_1 \dots x_{2n})| . \tag{112}$$

Diese Funktion ist für eine gegebene Ordnung n nur innerhalb eines gewissen Bereiches der Variablen x wesentlich von Null verschieden. Dieses Resultat entspricht dem klassischen Begriff des *Kohärenzvolumens* (S. 13) und überträgt ihn auf Mehrfachmessungen, die auch in einer klassischen Beschreibung durch Verallgemeinerung der Funktionen (7) auf die Ordnung n betrachtet werden können [28].

Wir wollen den Kohärenzgrad eines global kohärenten Zustands $|\{\alpha_k\}>$ berechnen. Nach den Gln. (33), (61) und (65) haben wir

$$E^{(+)}(\boldsymbol{r}, t)\,|\{\alpha_k\}> = \varepsilon(\boldsymbol{r}, t)\,|\{\alpha_k\}>, \tag{113}$$

$$<\{\alpha_k\}|\,E^{(-)}(\boldsymbol{r}, t) = \varepsilon^*(\boldsymbol{r}, t)<\{\alpha_k\}|. \tag{114}$$

Der Dichteoperator ϱ_c für den Zustand $|\{\alpha_k\}>$ ist

$$\varrho_c = |\{\alpha_k> < \{\alpha_k\}|. \tag{115}$$

Man hat also

$$G^{(n)}(x_1 \ldots x_{2n}) = \mathrm{Sp}\,\{\varrho_c E^{(-)}(x_1) \ldots E^{(-)}(x_n) E^{(+)}(x_{n+1}) \ldots E^{(+)}(x_{2n})\}$$

$$G^{(n)}(x_1 \ldots x_{2n}) = <\{\alpha_k\}|\,E^{(-)}(x_1) \ldots E^{(-)}(x_n) \times E^{(+)}(x_{n+1}) \ldots E^{(+)}(x_{2n})|\,\{\alpha_k\}>$$

$$G^{(n)}(x_1 \ldots x_{2n}) = \prod_{j=1}^{n} \varepsilon_j^*(x_j) \prod_{l=n+1}^{2n} \varepsilon_l(x_l). \tag{116}$$

Das ist genau die Form, die $G^{(n)}$ haben muß, um die Gl. (108) zu erfüllen. Die global kohärenten Zustände sind also auch vollständig kohärent. Es sind jedoch nicht die einzigen Zustände, die diese Eigenschaft aufweisen. So können wir z. B. den Dichteoperator ϱ_c durch

$$\varrho_F = \int_0^{2\pi} \mathscr{L}(\varphi)\,|\{e^{i\varphi}\alpha_k\}><\{e^{i\varphi}\alpha_k\}|\,d\varphi \tag{117}$$

mit

$$\int_0^{2\pi} \mathscr{L}(\varphi)\,d\varphi = 1$$

ersetzen.

Man bemerkt, daß $G^{(n)}$ nach Gl. (116) unverändert bleibt, weil der Phasenfaktor $e^{i\varphi}$ herausfällt. Alle durch einen Dichteoperator der Form ϱ_F definierten Felder sind also ebenfalls vollständig kohärent. Der Operator ϱ_F entspricht einer Präparation, deren Realisierungen eine durch die Funktion $\mathscr{L}(\varphi)$ beschriebene Verteilung der Phasen besitzen. Für die natürlichen optischen Strahlungsquellen ignoriert man meist die relative Phase und nimmt als Funktion $\mathscr{L}(\varphi)$ den Ausdruck

$$\mathscr{L}(\varphi) = (2\pi)^{-1},$$

was einer statistischen Verteilung der relativen Phasen entspricht.

Vom mathematischen Standpunkt aus wird man bemerken, daß die Definition (116) die vollständige Faktorisierung der $G^{(n)}$ verlangt. Das entspricht der statistischen Unabhängigkeit der Auffindungswahrscheinlichkeiten. Anders ausgedrückt: In diesem Falle verhält sich jeder Detektor bei einem Koinzidenzexperiment so, als ob er die anderen ignorieren würde. Im Gegensatz dazu findet man bei Feldern geringer Kohärenz eine Tendenz zu einer Korrelation der Photonen-Zählakte. Man beobachtet einen *Klumpungseffekt*.

Während nur wenige Felder vollständige Kohärenz besitzen, trifft das für die partielle Kohärenz nicht mehr zu.

Wir betrachten Felder mit nur einer angeregten Mode. Der dieser allgemeinen Bedingung unterworfene Dichteoperator kann wie folgt geschrieben werden [29]:

$$\varrho_1 = \sum_{n,m} c_{n,m} \, |n_k\rangle \langle m_k| \, . \tag{118}$$

Wir berechnen

$$G^{(1)}(\boldsymbol{r}_1 t_1, \boldsymbol{r}_2 t_2) = \frac{1}{2} \hbar \omega_k \sum_{n,m} \langle m_k \mid a_k^+ a_k \mid n_k \rangle \times u_k^*(\boldsymbol{r}_1) \, u_k(\boldsymbol{r}_2) \, e^{i\omega_k (t_1 - t_2)}$$

$$= c^2 u_k^*(\boldsymbol{r}_1) \, e^{i\omega_k t_1} \, u_k(\boldsymbol{r}_2) \, e^{-i\omega_k t_2}$$

mit

$$c^2 = \frac{1}{2} \hbar \omega_k \sum_n u_k c_{nn} \, .$$

Man braucht nur zu setzen

$$\varepsilon(\boldsymbol{r}, t) = c u_k(\boldsymbol{r})\, e^{-i\omega_k t}, \tag{119}$$

um die Faktorisierungsbedingung (116) wiederzufinden. Man sieht also, daß alle Felder, die der Anregung einer einzelnen Mode entsprechen, die Kohärenz erster Ordnung besitzen. Aber man muß beachten, daß diese Felder im allgemeinen nicht mehr die Kohärenz zweiter Ordnung besitzen. Die Kohärenz höherer Ordnung erlegt dem Feld stärkere Bedingungen auf [30, 31].

D) Mit Korrelationsfunktionen verbundene Effekte

Wir werden zeigen, daß die quantentheoretische Korrelationsfunktion erster Ordnung dem klassischen Kohärenzbegriff entspricht, d. h., daß sie mit der Fähigkeit zu tun hat, *Interferenzen* zu erzeugen.

Betrachten wir ein Experiment vom YOUNGschen Typ. Man kann in guter Näherung [32]

$$E^{(+)}(x) = \lambda_1 E^{(+)}(x_1) + \lambda_2 E^{(+)}(x_2) \tag{120}$$

schreiben. x bezieht sich auf einen Punkt P auf dem Schirm, x_1 und x_2 auf die beiden Beugungslöcher P_1 und P_2.

Wenn man noch $\lambda_1 = \lambda_2 = \lambda$ annimmt, so wird

$$G^{(1)}(x, x) = \mathrm{Sp}\,\{E^{(-)}(x) E^{(+)}(x)\}$$

$$= \mathrm{Sp}\,\{\varrho\,|\lambda|^2\,[E^{(-)}(x_1) + E^{(-)}(x_2)]\,[E^{(+)}(x_1) + E(^{(+)}x_2)]\},$$

$$G^{(1)}(x, x) = |\lambda|^2\,[G^{(1)}(x_1, x_1) + G^{(1)}(x_2, x_2) + 2\,\mathrm{Re}\,\{G^{(1)}(x_1, x_2)\}]. \tag{121}$$

Schreiben wir

$$G^{(1)}(x_1, x_2) = |G^{(1)}(x_1, x_2)|\, e^{i\varphi(x_1, x_2)}, \tag{122}$$

so erhalten wir

$$G^{(1)}(x, x) = |\lambda|^2 [G^{(1)}(x_1, x_1) + G^{(1)}(x_2, x_2) + 2\,|G^{(1)}(x_1, x_2)| \cos\varphi(x_1, x_2)]. \tag{123}$$

Die Interferenzstreifen entsprechen der räumlichen Periodizität von $\cos\varphi(x_1, x_2)$, und ihr Kontrast ist mit dem Wert $|G^{(1)}(x_1, x_2)|$ verknüpft.

Man sieht also, daß $G^{(1)}(x, x)$ genau das Analogon der klassischen Intensität ist und daß $G^{(1)}(x_1, x_2)$ der in Gl. (7) eingeführten klassischen gegenseitigen Kohärenzfunktion $\Gamma^{(1)}(\boldsymbol{r}_1 t_1, \boldsymbol{r}_2 t_2)$ entspricht.

Vom Standpunkt der Quantentheorie aus betrachtet offenbart jedoch das Interferenzphänomen nur einen Teilaspekt der korrelationsstatistischen Eigenschaften des Feldes. Alles, was mit Interferenzen im klassischen Sinne des Wortes zu tun hat, wird durch die quantentheoretische Korrelationsfunktion $G^{(1)}$ beschrieben.

Man kann für ein Feld auch die Kohärenzeigenschaften höherer Ordnung experimentell nachweisen. Das geschieht bei dem Effekt von HANBURY BROWN und TWISS [33], siehe auch [34].

Betrachten wir z. B. eine Quelle, die ein stationäres Feld aussendet. Wir haben gesehen [s. Gl. (15)], daß in diesem Falle das Ensemblemittel durch eine Mittelung über ein Zeitintervall T ersetzt werden kann, das gegenüber der Schwingungsperiode des Lichts groß sein muß. Ein idealer Photodetektor am Ort $\boldsymbol{r}_n$ mißt den momentanen Strom

$$i_n(t) = W_i^{(1)}(t). \tag{124}$$

$W_i^{(1)}(t)$ ist die Zählrate für eine gegebene Realisierung $|i>$ des Feldes. Nach den Gln. (91) und (99) ist

$$W_i^{(1)}(t) = s < i|\, E^{(-)}(\boldsymbol{r}, t) E^{(+)}(\boldsymbol{r}, t)\, |i>. \tag{125}$$

Da das Feld stationär ist, können wir nach Gl. (15)

$$\sum_i p_i W_i^{(1)}(t) = \lim_{T\to\infty} \frac{1}{T} \int_0^T W_i^{(1)}(t)\,\mathrm{d}t$$

schreiben. Wir erhalten also unter Benutzung der Gln. (93) und (95)

$$I_n = s G^{(1)}(\boldsymbol{r}_n t, \boldsymbol{r}_n t) = \lim_{T\to\infty} \frac{1}{T} \int_0^T i_n(t)\,\mathrm{d}t. \qquad (126)$$

Der Strom $i_n(t)$, der — wie wir aus Gl. (123) ersehen haben — das Analogon der klassischen Intensität ist, gibt nicht die äußerst schnellen Oszillationen der Lichtschwingungen wieder. Er kann jedoch schnell fluktuieren.

Wir setzen jetzt N Photodetektoren an die Raumpunkte mit den Koordinaten $\boldsymbol{r}_1, \boldsymbol{r}_2, \ldots, \boldsymbol{r}_n, \ldots, \boldsymbol{r}_N$. Sie messen die Ströme

$$i_1(t), i_2(t), \ldots, i_n(t), \ldots, i_N(t).$$

Wir verbinden sie über Verzögerungsleitungen, durch die beliebige Verzögerungen $\tau_1, \tau_2, \ldots, \tau_n, \ldots, \tau_N$ eingeführt werden, mit einem Korrelator, der sie miteinander multipliziert. Der Ausgangsstrom $I(t)$ dieses Korrelators ist gegeben durch den Ausdruck

$$I(t) = \prod_{n=1}^{N} i_n(t + \tau_n). \qquad (127)$$

Wenn man I durch die Gleichung

$$I = \lim_{T\to\infty} \frac{1}{T} \int_0^T I(t)\,\mathrm{d}t \qquad (128)$$

definiert, so kann man schreiben

$$I = s^N G^{(N)}(\boldsymbol{r}_1 t + \tau_1, \boldsymbol{r}_2 t + \tau_2, \ldots, \boldsymbol{r}_N t + \tau_N,$$
$$\boldsymbol{r}_N t + \tau_N, \ldots, \boldsymbol{r}_2 t + \tau_2, \boldsymbol{r}_1 t + \tau_1). \qquad (129)$$

In der Tat ist I offenbar proportional der Wahrscheinlichkeit der Registrierung von N Photonen durch die N Photodetektoren zu den Zeiten $t + \tau_1, \ldots, t + \tau_N$, also dem durch Gl. (101) gegebenen Ausdruck. Wenn das Feld bis zur Ordnung N kohärent ist, so gilt nach Gl. (108)

$$G^{(n)}(x_1 \ldots x_n, x_n \ldots x_1) = \prod_{j=1}^{n} G^{(1)}(x_j, x_j) \tag{130}$$

für alle $n \leqq N$, d. h., daß man für beliebige Verzögerungen

$$I = \prod_{x=1}^{N} I_n \tag{131}$$

schreiben kann.

Für andere Felder ist diese Gleichung nicht mehr erfüllt, und die Abweichung

$$\Delta I = I - \prod_{x=1}^{N} I_n \tag{132}$$

ist mit dem Kohärenzgrad N-ter Ordnung des Feldes verknüpft.

Im Falle eines Experimentes vom Typ desjenigen von Hanbury Brown und Twiss [3] verwendet man zwei Photodetektoren, welche die Abweichung

$$\begin{aligned} \Delta I = {} & s^2 G^{(2)}(\boldsymbol{r}_1 t + \tau_1, \boldsymbol{r}_2 t + \tau_2; \boldsymbol{r}_2 t + \tau_2, \boldsymbol{r}_1 t + \tau_1) \\ & - s^2 G^{(1)}(\boldsymbol{r}_1 t + \tau_1; \boldsymbol{r}_1 t + \boldsymbol{r}_1) \\ & \times G^{(1)}(\boldsymbol{r}_2 t + \tau_2; \boldsymbol{r}_2 t + \tau_2) \end{aligned} \tag{133}$$

messen.

In Wirklichkeit können sehr schnelle Schwankungen von $i_n(t)$ nicht auf den Korrelator übertragen werden, der seinerseits ebenfalls eine endliche Ansprechzeit besitzt. Damit man eine Abweichung beobachten kann, muß diese Ansprechzeit unterhalb der Kohärenzzeit liegen, wie wir sie in Kapitel I definiert haben.

KAPITEL IV

Die Diagonaldarstellung

A) Operatordarstellungen

Wir werden uns jetzt mit den Operatoren beschäftigen, mit ihrer Wirkung und ihrer Darstellung in der *übervollständigen* Basis, die von den kohärenten Zuständen $|\{\alpha_k\}>$ gebildet wird.

Wir erinnern an Gl. (72), wodurch die Zerlegung der Einheit ausgedrückt wird:

$$1 = \frac{1}{\pi} \int |\alpha> < \alpha| \, d^2\alpha .$$

Dabei wurde die vereinfachende Schreibweise

$$\begin{cases} |\alpha> = |\{\alpha_k\}> \\ d^2\alpha = \prod_k d^2\alpha_k \end{cases} \tag{134}$$

eingeführt, die wir im folgenden benutzen werden. Der kohärente Zustand in einer einzelnen Mode wird durch die Schreibweise $|\alpha_k>$ gekennzeichnet.

Diese Operatorgleichung hat zunächst keinen präzisen Sinn. Man muß hinzufügen, daß sie im Sinne einer *schwachen* Konvergenz gemeint ist, d. h., daß die Zahlengleichung

$$< g|f> = \frac{1}{\pi} \int < g|\alpha> < \alpha|f> d^2\alpha \tag{135}$$

für beliebige Vektoren $|f>$ und $|g>$ aus dem Hilbert-Raum gilt.

Wir können sie benutzen, um die durch die kohärenten Zustände erzeugte formale Zerlegung eines beliebigen im HILBERT-Raum definierten Operators Ω zu bewerkstelligen:

$$\Omega = \frac{1}{\pi^2} \iint |\alpha\rangle \langle\alpha| \Omega |\beta\rangle \langle\beta| \, d^2\alpha \, d^2\beta, \quad (136)$$

so daß also gilt

$$\langle g| \Omega |f\rangle = \frac{1}{\pi^2} \iint \langle g|\alpha\rangle \times \langle\alpha| \Omega |\beta\rangle \langle\beta|f\rangle \, d^2\alpha \, d^2\beta. \quad (137)$$

In der von den Zuständen $|n\rangle$ mit scharfer Photonenzahl gebildeten Basis hätte man

$$\Omega = \sum_{n, m} |n\rangle \langle n| \Omega |m\rangle \langle m|. \quad (138)$$

Die Vorgabe der Matrixelemente $\langle n| \Omega |m\rangle$ bestimmt vollständig die Wirkung des Operators Ω. Das gilt ebenso für die kontinuierliche Funktion $\langle\alpha| \Omega |\beta\rangle$ von α und β. Diese ist also die Darstellung von Ω in der von den kohärenten Zuständen gebildeten Basis. Aber jedem Operator Ω können mehrere Funktionen $\langle\alpha| \Omega |\beta\rangle$ zugeordnet werden. Diese Schwierigkeiten, die, wie man aus Gl. (73) ersieht, damit zusammenhängt, daß die Zustände $|\alpha\rangle$ eine *übervollständige* Basis bilden, kann anschließend an die im Zusammenhang mit den Gln. (75), (76) und (77) durchgeführte Diskussion behoben werden.

Die Darstellung des Operators Ω durch die Funktion $\langle\alpha| \Omega |\beta\rangle$ hat den Vorteil, universell zu sein, d. h., sie existiert für jeden Operator Ω. Sie ist jedoch wenig geeignet für ein vergleichendes Studium und erleichtert nicht die Berechnung von Mittelwerten, weil sie den Operatorcharakter der Observablen der Quantentheorie hervorhebt. In der Tat kann ein Operator nichtdiagonale Matrixelemente

$$\langle\alpha| \Omega |\beta\rangle \neq 0 \quad \text{für } \alpha \text{ sehr verschieden von } \beta \quad (139)$$

besitzen, die viel wichtiger als die Diagonalelemente sein können. Klassische Größen besitzen solche Eigenschaften nicht; es sind typische Operatoreigenschaften.

Wir werden versuchen, eine einfachere Darstellung einzuführen, die nur Diagonalelemente enthält, und die wir aus diesem Grunde *Diagonaldarstellung* nennen wollen [36, 37]:

$$\Omega = \int |\alpha> \Omega(\alpha) <\alpha|\, \mathrm{d}^2\alpha . \tag{140}$$

Damit diese Zerlegung möglich ist, muß die Funktion $\Omega(\alpha)$ existieren und die Konvergenz des Integrals gesichert sein. Man kann nicht von vornherein sicher sein, daß alle Operatoren diese Darstellung besitzen. Wir werden diejenigen Operatoren, die diese Darstellung gestatten, durch den Index $_D$ kennzeichnen. Die Universalität der Diagonaldarstellung werden wir in Abschnitt C diskutieren.

B) Die Dichteoperatoren in Diagonaldarstellung

Wir wollen die Diagonaldarstellung zur Zerlegung des Dichteoperators benutzen. Mit ϱ_D bezeichnen wir diejenigen Dichteoperatoren, die eine solche Darstellung besitzen:

$$\varrho_D = \int P(\alpha)\, |\alpha> <\alpha|\, \mathrm{d}^2\alpha . \tag{141}$$

Die Funktion $P(\alpha)$ ist nicht beliebig wählbar, weil ϱ_D der Bedingung

$$\mathrm{Sp}\, \varrho_D = 1$$

unterworfen ist, die wir schreiben können

$$\int P(\alpha)\, \mathrm{d}^2\alpha = 1 , \tag{142}$$

und der weiteren Bedingung

$$<\beta|\, \varrho_D\, |\beta> \geqq 0 , \tag{143}$$

die ihren positiv definiten Charakter zum Ausdruck bringt.

Nun ist

$$<\beta|\,\varrho_D\,|\beta> = \int P(\alpha) <\beta|\alpha> <\alpha|\beta> \mathrm{d}^2\alpha$$

$$<\beta|\,\varrho_D\,|\beta> = \int P(\alpha)\,|<\alpha|\beta>|^2\, \mathrm{d}^2\alpha$$

und mit Gl. (42)

$$<\beta|\,\varrho_D\,|\beta> = \int P(\alpha)\, \mathrm{e}^{-|\alpha-\beta|^2}\, \mathrm{d}^2\alpha. \qquad (144)$$

Es muß also die Bedingung

$$\int P(\alpha)\, \mathrm{e}^{-|\alpha-\beta|^2}\, \mathrm{d}^2\,\alpha \geqq 0 \qquad (144')$$

für beliebige β erfüllt sein.

Diese Gleichung, die starke Einschränkungen auferlegt, erlaubt indessen der Funktion $P(\alpha)$, negative Werte anzunehmen, und zwar in Bereichen der komplexen Ebene, die durch Relationen der Art

$$|\alpha - \beta| \leqq 1 \qquad (144'')$$

für irgendeinen fixierten Wert β definiert sind.

Wir werden uns jetzt der Diagonaldarstellung des Dichteoperators bedienen, um statistische Mittelwerte von Operatoreigenwerten zu berechnen [38]. Dazu gehen wir von einer beliebigen regulären Funktion F_N der Operatoren $E^{(-)}(x_j)$ und $E^{(+)}(x_i)$ aus:

$$F_N[E^{(-)}(x_j), E^{(+)}(x_i)]. \qquad (145)$$

Die Operatoren seien normalgeordnet, d. h., daß überall, wo sie nacheinander wirken, die aus den Operatoren a^+ aufgebauten Größen $E^{(-)}(x_j)$ links stehen und die Größen $E^{(+)}(x_i)$ rechts. Man kann schreiben [vgl. Gl. (94)]:

$$\mathrm{Sp}\,\{\varrho_D F_N[E^{(-)}(x_j), E^{(+)}(x_i)]\}$$
$$= \int P(\alpha) <\alpha|\, F_N[E^-(x_j), E^+(x_i)]\,|\alpha> \mathrm{d}^2\alpha. \qquad (146)$$

Unter Ausnutzung der Regularität und der Normalordnung der Funktion F_N ist

$$< \alpha | \, F_N[E^{(-)}(x_j), E^{(+)}(x_i)] \, | \alpha > \\ = F_N[< \alpha | \, E^{(-)}(x_j), E^{(+)}(x_i) \, | \alpha >].$$

Unter Beachtung der Gln. (113) und (114) kann man schreiben

$$\mathrm{Sp} \, \{\varrho_D F_N[E^{(-)}(x_j), E^{(+)}(x_i)]\} \\ = \int P(\alpha) \, F_N[\varepsilon^*(x_j, \alpha), \varepsilon(x_i, \alpha)] \, \mathrm{d}^2\alpha . \tag{147}$$

Nach Glauber [12e] nennen wir diesen Ausdruck *Spurintegral*. Seine Berechnung reduziert sich auf die Berechnung eines gewöhnlichen Integrals, in dem an Stelle der Feldoperatoren $E^{(-)}(x_j)$ und $E^{(+)}(x_i)$ deren Eigenwerte $\varepsilon^*(x_j, \alpha)$ und $\varepsilon(x_i, \alpha)$ stehen.

Am interessantesten sind diejenigen dieser Integrale, welche die Werte der quantentheoretischen Korrelationsfunktionen $G^{(n)}$ ergeben:

$$G^{(n)}(x_1 \ldots x_{2n}) \\ = \mathrm{Sp} \, \{\varrho_D E^{(-)}(x_1) \ldots E^{(-)}(x_n) E^{(+)}(x_{n+1}) \ldots E^{(+)}(x_{2n})\} \\ = \int P(\alpha) \prod_{j=1}^{n} \varepsilon^*(x_j, \alpha) \, \varepsilon(x_{j+n}, \alpha) \, \mathrm{d}^2\alpha . \tag{148}$$

Wir bemerken, daß diese Spurintegrale die folgenden Ausdrücke enthalten:

$$\mathrm{Sp} \, \{\varrho_D (a^+)^n (a)^m\} = \int P(\alpha) < \alpha | \, (a^+)^n (a^m) \, | \alpha > \mathrm{d}^2\alpha \\ = \int P(\alpha) \, (\alpha^*)^n (\alpha)^m \, \mathrm{d}^2\alpha . \tag{149}$$

Insbesondere ist

$$\langle n \rangle = \mathrm{Sp} \, \{\varrho_D a^+ a\} = \int P(\alpha) \, |\alpha|^2 \, \mathrm{d}^2\alpha . \tag{150}$$

Der Wert der Matrixelemente $< n | \varrho | m >$ ist gegeben durch den Ausdruck

$$< n | \varrho | m > = \int P(\alpha) < n | \alpha > < \alpha | m > \mathrm{d}^2\alpha .$$

Den Gln. (36) und (39) zufolge ist

$$< n | \varrho | m > = (n!m!)^{-1/2} \int P(\alpha) \alpha^n (\alpha^*)^m \, \mathrm{e}^{-|\alpha|^2} \mathrm{d}^2\alpha . \quad (151)$$

Man bemerkt, daß für eine hinreichend reguläre Funktion $P(\alpha)$ die Wahrscheinlichkeit $< n | \varrho | n >$, n Photonen in dem durch ϱ_D beschriebenen Feld zu finden, nicht verschwindet für

$$n \leqq M .$$

Wir betrachten Operatoren der Form

$$J(a) \, K(a^+) , \quad (152)$$

die antinormal geordnet sind, und berechnen den statistischen Mittelwert [39]:

$$W = \mathrm{Sp} \{ \varrho J(a) \, K(a^+) \} .$$

Wenn $J(a)$ und $K(a^+)$ beschränkte Operatoren sind, so kann man eine zyklische Permutation unter dem Spursymbol ausführen:

$$\mathrm{Sp} \{ \varrho J(a) \, K(a^+) \} = \mathrm{Sp} \{ K(a^+) \, \varrho J(a) \} . \quad (153)$$

Wie führen die Zerlegung der Einheit ein und vertauschen Spurbildung und Integration:

$$W = \frac{1}{\pi} \int \mathrm{Sp} \{ | \alpha > < \alpha | \, K(a^+) \, \varrho J(a) \} \, \mathrm{d}^2\alpha ,$$

$$W = \frac{1}{\pi} \int \mathrm{d}^2\alpha < \alpha | \, K(a^+) \, \varrho J(a) \, | \alpha > . \quad (154)$$

Wenn $K(a^+)$ und $J(a)$ reguläre Funktionen sind, so bekommt man mit Hilfe von Gl. (33)

$$W = \frac{1}{\pi} \int <\alpha|\varrho|\alpha> K(\alpha^*)\, J(\alpha)\, d^2\alpha .$$

$<\alpha|\varrho|\alpha>$ spielt eine Rolle, die der von $P(\alpha)$ in Gl. (147) entspricht. Für den Fall, daß ϱ eine Darstellung $P(\alpha)$ besitzt, läßt sich $<\alpha|\varrho|\alpha>$ aus $P(\alpha)$ nach Gl. (144) bestimmen. Aber $<\alpha|\varrho|\alpha>$ hat den Vorteil, positiv definit zu sein [s. Gl. (143)] und für alle ϱ zu existieren, während $P(\alpha)$ nur für Dichteoperatoren ϱ_D existiert, die eine Diagonaldarstellung gestatten.

C) Ist die Diagonaldarstellung universell?

Wenn wir die Diagonaldarstellung durch Gl. (141) definieren, so bedeutet dies, daß $P(\alpha)$ der Gleichung

$$<g|\varrho|f> = \int P(\alpha) <g|\alpha> <\alpha|f> d^2\alpha$$

genügt für alle $<g|$ und $|f>$.

Die Theorie der holomorphen Funktionen mehrerer komplexer Veränderlicher [39′] erlaubt auszusagen, daß das durch die obige Gleichung aufgeworfene Existenzproblem dem auf die Diagonalelemente reduzierten Problem äquivalent ist:

$$<\beta|\varrho|\beta> = \int P(\alpha) <\beta|\alpha> <\alpha|\beta> d^2\alpha .$$

Diese Gleichung schreibt sich mit Hilfe von Gl. (42)

$$<\beta|\varrho|\beta> = \int P(\alpha)\, e^{-|\beta-\alpha|^2}\, d^2\alpha .$$

$<\beta|\varrho|\beta>$ ist das Faltungsprodukt von $P(\alpha)$ mit $e^{-|\alpha|^2}$ [40].

Wir bilden auf beiden Seiten dieser Gleichung die Fouriertransformierte:

$$F[<\beta|\varrho|\beta>] = F[P(\alpha)] \cdot F[e^{-|\sigma|^2}]. \tag{155}$$

Dabei haben wir vorausgesetzt, daß $F[P(\alpha)]$ existiert. Da $<\beta|\varrho|\beta>$ eine reguläre Funktion ist, existiert $F[<\beta|\varrho|\beta>]$ sicher. Weiter haben wir

$$F[e^{-|\sigma|^2}] = \frac{1}{2} \exp\left(\frac{1}{4} |\gamma|^2\right). \tag{156}$$

Man kann also formal schreiben

$$P(\alpha) = F^{-1}\left\{F[<\beta|\varrho|\beta>]\, 2 \exp\left(-\frac{1}{4} |\gamma|^2\right)\right\}. \tag{157}$$

Wir setzen

$$f(\gamma) = 2 \exp\left(\frac{1}{4} |\gamma|^2\right) F[<\beta|\varrho|\beta>], \tag{158}$$

$$P(\alpha) = F^{-1}[f(\gamma)]. \tag{159}$$

Damit die Transformation $F^{-1}[f(\gamma)]$ ausgeführt werden kann, muß $f(\gamma)$ dem Funktionalraum S' der temperierten Distributionen angehören. Unter diesen Voraussetzungen existiert $P(\alpha)$, ist eindeutig und gehört dem Funktionalraum S' an. Man kann sich auch vergewissern, daß $F[P(\alpha)]$ existiert, was wir in Gl. (155) vorausgesetzt hatten.

Wenn die Funktion $P(\alpha)$ existiert, muß sie zwei Bedingungen erfüllen, um eine physikalische Bedeutung zu haben:

1. Der Erwartungswert I_n der Besetzungszahl einer Mode muß endlich bleiben, weil jedes wirkliche Feld eine endliche Energie besitzt. Mit Gl. (151) schreibt sich diese Bedingung

$$\begin{aligned} I_n &= <n|\varrho|n> \\ &= \int P(\alpha)\, e^{-|\alpha|^2} \frac{|\alpha|^{2n}}{n!}\, d^2\alpha \geqq \infty. \end{aligned} \tag{160}$$

2. Die Korrelationsfunktionen $G^{(n)}$ und die Erwartungswerte der Observablen müssen endlich bleiben. Diese Größen enthalten Ausdrücke der Form $< (a^+)^n (a)^m >$, wie sie in Gl. (149) gegeben sind. Es muß also gelten

$$\langle (a^+)^n (a)^m \rangle = \mathrm{Sp}\, \{\varrho_D (a^+)^n (a)^m\}$$

$$= \int (\alpha^*)^n (\alpha)^m P(\alpha)\, \mathrm{d}^2\alpha < \infty\,. \qquad (161)$$

Bonifacio, Narducci und Montaldi [41] haben gezeigt, daß diese zwei Bedingungen bedeuten, daß $P(\alpha)$ dem Funktionalraum O'_c der schnell fallenden temperierten Distributionen angehört.

Die notwendige und hinreichende Bedingung dafür, daß eine Darstellung $P(\alpha)$ existiert, drückt sich also aus durch die Gleichung

$$P(\alpha) = F^{-1}[f(\gamma)] \in O'_c$$

oder [41]

$$2 \exp\left(\frac{1}{4}\, |\gamma|^2\right) F[<\beta|\varrho|\beta>] \in O_M, \qquad (162)$$

wobei O_M der Raum der unendlich oft differenzierbaren Funktionen ist, der durch Fouriertransformation in O'_c übergeht. Nun ist $\exp\left(\frac{1}{4}|\gamma|^2\right)$ weder quadratisch integrierbar noch beschränkt. $F[<\beta|\varrho|\beta>]$ und demzufolge auch $<\beta|\varrho|\beta>$ sind also sehr schwerwiegenden Bedingungen unterworfen, damit $f(\gamma)$ zu O'_c gehört.

Es gibt somit eine große Zahl von Dichteoperatoren, die keine Diagonaldarstellung gestatten.

Wie jedoch von verschiedenen Autoren gezeigt wurde [42, 43, 44], kann eine beliebige Operatordichte immer als Limes einer Folge von Dichteoperatoren ϱ_{Dn} mit Diagonaldarstellung betrachtet werden. Die Konvergenz ist gesichert im Sinne der Spurnorm

$$\mathrm{Sp}\,\{\varrho - \varrho_{Dn}\} = \|\varrho - \varrho_{Dn}\| \underset{n\to\infty}{\longrightarrow} 0\,. \tag{163}$$

Wenn man mit B einen beliebigen beschränkten Operator bezeichnet, so gilt

$$\|(\varrho - \varrho_{Dn})B\| \leqq \|B\| \times \|\varrho - \varrho_{Dn}\| \tag{164}$$

oder

$$\mathrm{Sp}\,\{(\varrho - \varrho_{Dn})B\} \underset{n\to\infty}{\longrightarrow} 0\,. \tag{165}$$

Das Resultat erlaubt den Schluß, daß immer eine Folge von Dichteoperatoren ϱ_{Dn} mit Diagonaldarstellung existiert, die es gestattet, $\mathrm{Sp}\,\{\varrho B\}$ als Limes eines *Spurintegrals* zu berechnen.

Man hat aus diesen Betrachtungen oft gefolgert, daß die Klasse der Dichteoperatoren ϱ_D mit Diagonaldarstellung genügt, um alle statistischen Gesamtheiten der Quantentheorie darzustellen. Aber man muß betonen, daß eine solche Schlußweise nur für beschränkte Operatoren B möglich ist. Die meisten Operatoren der Quantentheorie sind jedoch nicht beschränkt. So hat man beispielsweise

$$\begin{aligned} <\alpha|a|\alpha> &= \alpha \underset{\alpha\to\infty}{\longrightarrow} \infty\,,\\ <\alpha|a^+a|\alpha> &= |\alpha|^2 \underset{\alpha\to\infty}{\longrightarrow} \infty\,, \qquad (166)\\ <n|H|n> &= \hbar\omega\left(n + \frac{1}{2}\right) \underset{n\to\infty}{\longrightarrow} \infty\,. \end{aligned}$$

Die Spurkonvergenz von ϱ_{Dn} gegen ϱ erlaubt also nicht, die Darstellung $P(\alpha)$ als universell anzusehen, weil die Berechnung der Ausdrücke $\mathrm{Sp}\,\{\varrho A\}$ für unbeschränkte Operatoren A nicht auf die Berechnung von Spurintegralen zurückgeführt werden kann.

Sudarshan [36] hat einen Ausdruck vorgeschlagen, der die Darstellung $P(\alpha)$ eines beliebigen Dichteoperators liefert. Jedoch haben Holliday und Sage [45] und später Cahill [46] gezeigt, daß diese Darstellung im allgemeinen keine temperierte Distribution ist und demnach, wie wir gezeigt haben, nicht als eine physikalisch sinnvolle Darstellung $P(\alpha)$ betrachtet werden kann.

Die Darstellung $P(\alpha)$ kann also, wenn man diese präzise physikalische Bedeutung fordert, nicht als universell angesehen werden.

ZWEITER TEIL

Untersuchung der Korrespondenz zwischen klassischer und quantentheoretischer Beschreibung

KAPITEL I

Zustände in der klassischen Theorie und in der Quantentheorie

A) Einführung

Wir werden zeigen, daß die kohärenten Zustände die Zustände der Quantentheorie sind, die sich am besten für einen Vergleich mit den Zuständen der klassischen Theorie eignen. Wir fassen mehrere Punkte ins Auge und werden für jeden die Übereinstimmungen und die Abweichungen prüfen, die bei dem Vergleich der klassischen Zustände und der kohärenten Zustände auftreten können.

B) Untersuchung in sechs Punkten

Erster Punkt

1. Übereinstimmung. Das Fundament der Ähnlichkeit zwischen klassischen und quantentheoretischen Zuständen ruht auf den Gleichungen

$$E_{kl}{}^{(+)}(\boldsymbol{r}, t) = \sum_k c_k u_k(\boldsymbol{r})\, \mathrm{e}^{-\mathrm{i}\omega_k t},$$

$$\varepsilon(\boldsymbol{r}, t) = \mathrm{i} \sum_k \left(\frac{1}{2}\, \hbar\, \omega_k\right)^{1/2} \alpha_k u_k(\boldsymbol{r})\, \mathrm{e}^{-\mathrm{i}\omega_k t}.$$

Man kann unmittelbar den negativ-frequenten Anteil $E_{kl}^{(+)}(\boldsymbol{r}, t)$ des klassischen Feldes dem Eigenwert $\varepsilon(\boldsymbol{r}, t)$ des Feldoperators $E^{(+)}(\boldsymbol{r}, t)$ zuordnen, indem man setzt

$$c_k = \mathrm{i} \left(\frac{\hbar\, \omega_k}{2}\right)^{1/2} \alpha_k, \tag{167}$$

woraus folgt

$$c_k^* = -\mathrm{i}\left(\frac{\hbar\,\omega_k}{2}\right)^{1/2} \alpha_k^*\,.$$

Gemäß dieser Zuordnung entsprechen den sogenannten *klassischen* Feldern kohärente Zustände, deren Koeffizienten α_k dem Betrage nach sehr groß sind. Das ist erforderlich wegen der extremen Kleinheit von $\hbar$.

2. Abweichung. Man darf jedoch nicht vergessen, daß in der klassischen Theorie nur die reellen Felder eine physikalische Bedeutung haben. Nach Gl. (1) hat man

$$E_{kl} = E_{kl}^{(+)}(\boldsymbol{r}, t) + E_{kl}^{(-)}(\boldsymbol{r}, t)$$

$$= \sum_{k=0}^{\infty} \left(c_k u_k(\boldsymbol{r}) + c_k^* u_k^*(\boldsymbol{r})\right) (\mathrm{e}^{-\mathrm{i}\omega_k t} + \mathrm{e}^{+\mathrm{i}\omega_k t}),$$

$$E_{kl} = 2 \sum_k \mathrm{Re}\,\{c_k u_k(\boldsymbol{r})\}\,(\mathrm{e}^{-\mathrm{i}\omega_k t} + \mathrm{e}^{+\mathrm{i}\omega_k t})\,. \tag{168}$$

Wir betrachten den Ausdruck

$$\mathrm{Re}\,\{c_k u_k(\boldsymbol{r})\}\,.$$

Schreiben wir

$$c_k = x + \mathrm{i}y\,,$$

$$u_k(\boldsymbol{r}) = a + \mathrm{i}b\,, \tag{169}$$

so wird

$$c_k u_k(\boldsymbol{r}) = (ax - by) + \mathrm{i}(ay + bx)\,,$$

$$\mathrm{Re}\,\{c_k u_k(\boldsymbol{r})\} = ax - by\,. \tag{170}$$

Betrachten wir $u_k(\boldsymbol{r})$ an einem festen Raumpunkt, so sind a und b Konstanten. Wir setzen

$$e = ax_e - by_e\,. \tag{171}$$

Das Feld E_{kl} hängt nur noch von e ab, d. h., daß alle Koeffizienten $c_{k(e)}$, deren Real- und Imaginärteil Gl. (171) genügen, ein und demselben klassischen Feld entsprechen. Nun gibt es aber unendlich viele Koeffizienten $c_{k(e)}$, die dieser Gleichung genügen. Ihnen können nach Gl. (167) Koeffizienten $\alpha_{k(e)}$ zugeordnet werden. Aber die Zustände $\alpha_{k(e)}$ sind physikalisch unterscheidbare Zustände, die zu sehr verschiedenen Meßergebnissen führen können.

Wir werden bei dem Studium des fünften Punktes sehen [Gl. (191)], daß man der komplexen Zahl α eine gewisse physikalische Bedeutung zuschreiben kann. Ihr Realteil und ihr Imaginärteil sind mit den oben angeführten Operatoren p und q verknüpft. Nun unterscheiden sich die $\alpha_{k(e)}$ voneinander sowohl hinsichtlich ihres Realteils als auch hinsichtlich ihres Imaginärteils. Es gibt demnach einen gewissen Grad von Willkür in der von uns definierten Zuordnung, da die klassischen Koeffizienten c_k nicht in umkehrbar eindeutiger Weise dem reellen Feld zugeordnet werden können. Dieser Grad von Willkür in der klassischen Theorie rechtfertigt sich nur durch die Einfachheit der Handhabung der Gleichungen, in denen nur noch komplexe Zahlen auftreten.

Zweiter Punkt

1. Übereinstimmung. Die durch Gl. (167) getroffene Zuordnung könnte als rein formal erscheinen, wenn sie nicht durch die Eigenschaften der Diagonaldarstellung gestützt wäre. In der Tat haben wir mit Gl. (147) gezeigt, daß die Berechnung der Erwartungswerte bewerkstelligt werden kann, indem man im Spurintegral die normalgeordneten Operatoren durch ihre Eigenwerte ersetzt:

$$\mathrm{Sp}\,\{\varrho_D F_N[E^{(-)}(x_j), E^{(+)}(x_i)]\} = \int P(\alpha) F_N[\varepsilon^*(x_j, \alpha), \varepsilon(x_i, \alpha)]\, \mathrm{d}^2\alpha\,.$$

Die Rechnung wird dann genau analog zur Berechnung der klassischen statistischen Mittelwerte, wenn man die Zuordnungsregel Gl. (167) benutzt. Die Diagonaldarstellung verbirgt den Operatorcharakter der Observablen $F_N[E^{(-)}(x_j), E^{(+)}(x_i)]$.

Wir können auch die Funktion $P(\alpha)$ mit der klassischen statistischen Verteilungsfunktion $p(\{c_k\})$ vergleichen [47]. Tatsächlich spielt $P(\alpha)$ im Spurintegral dieselbe Rolle der Gewichtsfunktion wie $p(\{c_k\})$ bei der Berechnung eines klassischen statistischen Mittelwertes [48, 49]. Da die Gleichung

$$\int P(\alpha)\, \mathrm{d}^2\alpha = 1$$

gilt, wodurch die Funktion $P(\alpha)$ normiert wird, ist man geneigt, $P(\alpha)$ die folgende Interpretation zu geben:

Es sei eine statistische Präparation eines quantentheoretischen Systems durch den Dichteoperator ϱ_D gegeben. Die Funktion $P(\alpha)$ würde dann die Wahrscheinlichkeit dafür messen, daß sich das System im Zustand $|\alpha>$ befindet.

So erlaubt die Zuordnungsregel (167) für c_k und α_k, ebenso die Funktionen $p(\{c_k\})$ und $P(\alpha)$ einander zuzuordnen. Folglich entspricht jeder klassischen statistischen Gesamtheit eine Präparation in der Quantentheorie. Man bemerkt sogleich, daß diese Zuordnung nicht eindeutig ist, da, wie wir im Zusammenhang mit Gl. (162) gesehen haben, die Funktionen $P(\alpha)$ allgemeiner sind als die Funktionen $p(\{c_k\})$.

Unter diesen Bedingungen erscheinen klassische und quantentheoretische Beschreibung als äquivalent. Man kann leicht von der einen zur anderen übergehen und gelangt zu denselben numerischen Ergebnissen.

2. Abweichung. Dieser Standpunkt, auf dem einige Autoren stehen [36, 50, 38], bedarf einer sorgfältigen Abgrenzung. Man muß zunächst beachten, daß alles, was wir hier geschrieben haben, die normalgeordneten Operatoren $F_N[E^{(-)}(x_j), E^{(+)}(x_i)]$ betrifft. Für die antinormal geordneten Operatoren ist die Situation anders. Selbst wenn sie die spezielle Form $J(a)K(a^+)$ haben, haben wir mit Gl. (154) gesehen, daß es die Funktion $<\alpha|\varrho|\alpha>$ ist, die in die Berechnung des Spurintegrals eingeht. Man bemerkt ebenso, daß die Wahrscheinlichkeit, ein durch ein statistisches Gemisch beschriebenes quantentheoretisches System in einem Zustand $|\alpha>$ zu finden, per Definition durch den Ausdruck $<\alpha|\varrho|\alpha>$ gegeben ist. Nun weicht aber diese Funktion sehr von $P(\alpha)$ ab, s. Gl. (144). Insbesondere kann man für die antinormal geordneten Operatoren den Vergleich nicht aufrechterhalten, den wir mit der Zuordnungsregel (167) vorgeschlagen haben. Das schränkt die Allgemeinheit der von uns definierten Äquivalenz sehr erheblich ein.

Des weiteren müssen, damit eine Funktion $P(\alpha)$ die Wahrscheinlichkeitsdichte einer Zustandsverteilung sein kann, folgende Bedingungen erfüllt sein:

1. $P(\alpha)$ eine positiv definierte, reelle, reguläre Funktion,
2. die Zustände $|\alpha>$ linar unabhängig,
3. $P(\alpha)$ normiert. (172)

Während die dritte Bedingung immer erfüllt ist, ist es die zweite niemals [s. Gl. (42)] und die erste nicht notwendigerweise. Tatsächlich haben wir mit Gl. (144′) gesehen, daß die Funktion $P(\alpha)$ in Gebieten der komplexen α-Ebene negative Werte annehmen kann, die durch Gl. (144″) definiert sind. Andererseits kann die Funktion $P(\alpha)$ sehr irregulär sein und die Bedeutung einer temperierten Distribution haben, s. Gl. (162). Man kann also $P(\alpha)$ nicht in Strenge als Wahrscheinlichkeitsdichte interpretieren.

Jedoch für Werte α und α', für die

$$|\alpha - \alpha'| \gg 1$$

gilt, hat man nach Gl. (42)

$$|<\alpha|\alpha'>|^2 = \exp\{-|\alpha - \alpha'|^2\},$$
$$|<\alpha|\alpha'>|^2 \approx 0.$$

Man kann also $P(\alpha)$ annähernd als eine Wahrscheinlichkeitsdichte interpretieren für den Fall, daß $P(\alpha)$ positiv definit ist und Zustände $|\alpha>$ betrachtet werden, die sich hinsichtlich ihrer α um Werte groß gegen Eins unterscheiden. Aus diesem Grunde sagt man mitunter, daß $P(\alpha)$ eine *Quasiwahrscheinlichkeit* darstellt. Der Begriff der Äquivalenz hat also einen ziemlich eingeschränkten Sinn.

Der Fall, daß der Dichteoperator ϱ_D eine Diagonaldarstellung $P(\alpha)$ hat, die negative Werte annimmt, ist sehr allgemein. In der Tat hat CAHILL [51] gezeigt, daß alle reinen quantentheoretischen Zustände, d. h. Zustände ohne statistische Mischung, mit Ausnahme der kohärenten Zustände selbst, eine Darstellung besitzen, die notwendig negative Werte annimmt.

Andererseits haben wir gezeigt [s. Gl. (162)], daß viele Dichteoperatoren noch nicht einmal eine Diagonaldarstellung besitzen und daß für eine große Zahl die Funktion $P(\alpha)$ nur als eine temperierte Distribution interpretiert werden kann [s. Gl. (159)].

Man kann also feststellen, daß die statistischen Gemische, für die $P(\alpha)$ entweder negativ wird oder die Bedeutung einer temperierten Distribution hat oder nicht existiert, nicht direkt mit klassischen statistischen Gesamtheiten verglichen werden können, weil es nicht möglich ist, die Funktionen $P(\alpha)$ und $p(\{c_k\})$ zu verknüpfen.

Wir zitieren zum Abschluß einen Satz von GLAUBER [52]:

„Die Hindernisse, denen man bei allen Versuchen begegnet, die darauf abzielen, die Universalität der Diagonaldarstellung zu beweisen, könnten eher interpretiert werden als neue Anzeichen der grundsätzlichen Inäquivalenz der klassischen Theorie und der Quantentheorie."

Dritter Punkt

1. Übereinstimmung. Wir haben in Zusammenhang mit Gl. (116) gesehen, daß die kohärenten Zustände diejenigen quantentheoretischen Zustände sind, die Interferenzerscheinungen mit maximaler Sichtbarkeit erlauben. Sie besitzen also eine für alle klassischen Zustände charakteristische Eigenschaft.

In die Berechnung der quantentheoretischen Korrelationsfunktion $G^{(n)}(x_1, \ldots, x_{2n})$ gehen die Koeffizienten α_k ein. Wenn man die Zuordnungsregel (167) benutzt, so entsprechen die Funktionen $G^{(n)}$ genau den klassischen Funktionen $\Gamma^{(n)}$ der gegenseitigen Kohärenz, wie sie durch Gl. (7) eingeführt wurden.

Was den Kohärenzbegriff anbelangt, so scheint es demnach eine wirkliche Äquivalenz zwischen dem Formalismus der klassischen Beschreibung und dem der quantentheoretischen Beschreibung zu geben.

2. *Abweichung.* Man muß jedoch bemerken, daß sich diese Formalismen auf verschiedene Zustände beziehen.

Wir werden jetzt ein Beispiel für ein quantentheoretisches Kohärenzphänomen konstruieren, das kein klassisches Analogon besitzt. Nach Gl. (148) kann man schreiben

$$G^{(2)}(xx, xx) = \int P(\alpha)\, |\varepsilon(x, \alpha)|^4\, d^2\alpha \tag{173}$$

und

$$G^{(1)}(x, x) = \int P(\alpha)\, |\varepsilon(x, \alpha)|^2\, d^2\alpha,$$

$$G^{(1)}(x, x) = \langle |\varepsilon|^2 \rangle,$$

$$G^{(2)}(xx, xx) - \{G^{(1)}(x, x)\}^2$$
$$= \int P(\alpha)\, \{|\varepsilon(x, \alpha)|^2 - \langle |\varepsilon(x, \alpha)|^2 \rangle\}^2\, d^2\alpha. \tag{174}$$

Wenn $P(\alpha)$ eine Wahrscheinlichkeitsfunktion wäre, so würde dieser Ausdruck die Schwankung der Größe $|\varepsilon|^2$ darstellen, also eine positiv definite Größe. Da das aber nicht zutrifft, wird der Ausdruck (174) für gewisse Dichteoperatoren ϱ_D negativ. Dieser Fall kann z. B. für eine Funktion $P(\alpha)$ eintreten, die nur um einen Wert α_n herum von Null verschiedene Werte annimmt. Es sei

$$\langle |\varepsilon(x, \alpha)| \rangle = \varepsilon(x, \alpha_n).$$

Betrachten wir die Funktion

$$V_x(\alpha) = \{|\varepsilon(x, \alpha)|^2 - \langle|\varepsilon(x, \alpha)|^2\rangle\}^2.$$

Es genügt, anzunehmen, daß $P(\alpha)$ positiv sei in einer Nachbarschaft von α_n, wo also $V_x(\alpha) \approx 0$ ist, dann negativ in einer kleinen Zone, in der $V_x(\alpha)$ bereits größere Werte annimmt, und Null an allen anderen Stellen.

Wir haben in Gl. (133) gesehen, daß der Ausdruck

$$G^{(2)}(x, x; x, x) - \{G^{(1)}(x, x)\}^2$$

über den Hanbury-Brown-und-Twiss-Effekt [3] Auskunft gibt, der, wie wir uns erinnern, den Überschuß der statistischen Korrelationen gegenüber den durch Zufall bedingten behandelt.

In dem von uns soeben dargestellten Fall müßte man einen negativen Hanbury-Brown-und-Twiss-Effekt beobachten.

Vierter Punkt.

Klassische Quellen und kohärente Zustände

1. Übereinstimmung. Die klassischen Zustände werden von makroskopisch zu charakterisierenden Quellen ausgestrahlt. Es wäre also von Interesse, diese Quellen zu studieren, indem man die Quantentheorie auf sie anwendet, um die von ihnen ausgestrahlten quantentheoretischen Zustände mit den klassischen Zuständen zu vergleichen.

Wir betrachten eine klassische, d. h. eine makroskopisch zu charakterisierende Strahlungsquelle. Diese Quelle ist durch die Angabe der Stromverteilung $j(\boldsymbol{r}, t)$ bestimmt. Wir begeben uns in das Wechselwirkungsbild. Der Hamilton-Operator einer natürlichen klassischen Quelle in Wechselwirkung mit der Strahlung schreibt sich

$$H_I(t) = -\frac{1}{c}\int j(\boldsymbol{r}, t) \cdot A(\boldsymbol{r}, t)\, \mathrm{d}\boldsymbol{r}, \qquad (175)$$

aber $A(\boldsymbol{r}, t)$ muß nun als Operator betrachtet werden.

Man hat

$$i\hbar \frac{\partial}{\partial t} |t> = H_I(t) \, |t>, \tag{176}$$

$$|t> = U(t, t_0) \, |t_0>. \tag{177}$$

Wir setzen

$$B(t) = \frac{i}{\hbar} H_I(t), \tag{178}$$

$$[B(t), B(t')] = i f(t) \sum_k [a_k, a_k^+],$$

$$[B(t), (B(t'))] = i f(t), \tag{179}$$

wo $f(t)$ eine reell-wertige ganze Funktion ist.

Die Gleichung für den Entwicklungsoperator $U(t, t_0)$ schreibt sich

$$\frac{d}{dt} U(t, t_0) = B(t) \, U(t, t_0). \tag{180}$$

Wenn $B(t)$ in den Intervallen $\Delta t = t_i - t_{j-1}$ konstant bleibt, so wird

$$[B(t), B(t')] = 0 \quad \text{für} \begin{cases} t_{j-1} < t < t_j \\ t_{j-1} < t' < t_j. \end{cases}$$

Wir können also annehmen, daß bei Beschränkung auf das Intervall von t_{j-1} bis t_j $B(t)$ die Rolle einer c-Zahl spielt, und die Lösung in diesem Intervall läßt sich so schreiben:

$$U(t, \; t_{j-1}) = e^{B_j t} \qquad \text{für} \quad t_{j-1} < t < t_j,$$

$$U(t_j, t_{j-1}) = e^{B_j \Delta t}.$$

Wir verbinden diese Lösungsstücke und erhalten

$$U(t_n, t_0) = e^{B_n \Delta t} \, e^{B_{n-1} \Delta t} \dots e^{B_1 \Delta t}.$$

Durch Anwendung der allgemeinen Gleichung [54]

$$e^A e^B = \exp\left\{A + B + \frac{1}{2}[A, B]\right\}, \tag{181}$$

wo A und B Operatoren sind, bekommen wir

$$U(t_n, t_0) = \exp\left\{\sum_{j=1}^{n}\left[B_j \Delta t + \frac{1}{2}\sum_{k<j}[B_j, B_k]\,\Delta t^2\right]\right\},$$

und nach Grenzübergang können wir schreiben

$$U(t, t_0) = \exp\left\{\int_{t_0}^{t} \mathrm{d}t'\left[B(t') + \frac{1}{2}\int_{t_0}^{t'} \mathrm{d}t''[B(t'), B(t'')]\right]\right\}. \tag{182}$$

Um den Grenzübergang durchzuführen, muß man voraussetzen, daß $B(t)$ in t stetig ist, was auf die Annahme hinausläuft, daß $j(\boldsymbol{r}, t)$ in $\boldsymbol{r}$ und t stetig ist.

Nun ist nach Gl. (179)

$$\frac{1}{2}\int_{t_0}^{t} \mathrm{d}t' \int_{t_0}^{t} \mathrm{d}t''[B(t')\,B(t'')] = \frac{1}{2}\int_{t_0}^{t} \mathrm{d}t' \int_{t_0}^{t} \mathrm{d}t''\,\mathrm{i}f(t) = \mathrm{i}\varphi(t)$$

mit einer reellen Funktion $\varphi(t)$. Man hat also

$$e^{-\mathrm{i}\varphi(t)}\,|t> = \exp\left\{\frac{\mathrm{i}}{\hbar c}\int_{t_0}^{t} j(\boldsymbol{r}, t')\cdot A(\boldsymbol{r}, t')\,\mathrm{d}\boldsymbol{r}\,\mathrm{d}t'\right\}|0>. \tag{183}$$

Wir entwickeln $A(\boldsymbol{r}, t)$ nach Moden [s. Gl. (18)] und führen die Koeffizienten

$$\alpha_k(t) = \frac{\mathrm{i}}{(2\hbar\,\omega_k)^{1/2}}\int_{t_0}^{t} j(\boldsymbol{r}, t')\cdot u_k^*(\boldsymbol{r}, t')\,e^{-\mathrm{i}\omega_k t'}\,\mathrm{d}\boldsymbol{r}\,\mathrm{d}t' \tag{184}$$

ein. Dann kann man Gl. (183) in der Form

$$e^{-\mathrm{i}\varphi(t)}\,|t> = \prod_k \exp\{\alpha_k(t)a_k^+ - \alpha_k^*(t)a_k\}\,|0>. \tag{185}$$

schreiben. Durch Anwendung von Gl. (43) wird

$$e^{-i\varphi(t)} \, |t> = |\{\alpha_k(t)\}>.$$

Der Dichteoperator des Feldes ist demnach

$$\varrho(t) = |\{\alpha_k(t)\}> <\{\alpha_k(t)\}| \, e^{-i\varphi(t)} \, e^{+i\varphi(t)},$$

$$\varrho(t) = |\{\alpha_k(t)\}> <\{\alpha_k(t)\}|. \tag{186}$$

Der die Phase $\varphi(t)$ enthaltende Term verschwindet, da die Zustände nur bis auf einen Phasenfaktor definiert sind.

Wir haben soeben gezeigt, daß eine Quelle vom klassischen Typ einen kohärenten Zustand aussendet, der im Laufe der Zeit bleibt. Gl. (185) läßt sich folgendermaßen verallgemeinern:

$$e^{-i\varphi(t)} \, |t> = \prod_k \exp\{\alpha_k(t) \, a_k^+ - \alpha_k^*(t) \, a_k\} \, |\{\alpha_{0k}(t)\}>.$$

Setzen wir

$$D[\alpha_k(t)] = \prod_k \exp\{\alpha_k(t) \, a_k^+ - \alpha_k^*(t) \, a_k\},$$

so können wir obige Gleichung so schreiben:

$$e^{-i\varphi(t)} \, |t> = D[\alpha_k(t)] \, D[\alpha_{0k}(t)] \, |0>.$$

Unter Anwendung von Gl. (181) wird

$$D[\alpha_k(t)] \, D[\alpha_{k0}(t)]$$
$$= D[\alpha_k(t) + \alpha_{k0}(t)] \exp\left\{\frac{1}{2} \left[\alpha_{k0}(t) \, \alpha_k^*(t) - \alpha_{k0}^*(t) \, \alpha_k(t)\right]\right\}.$$

Da der Exponent imaginär ist, kann man bis auf einen Phasenfaktor schreiben

$$e^{-i\varphi(t)} \, |t> = |\{\alpha_{0k}(t) + \alpha_k(t)\}>. \tag{187}$$

Das bedeutet, daß ein anfangs kohärenter Zustand kohärent bleibt, wenn er dem Einfluß einer Quelle vom klassischen Typ ausgesetzt ist.

Man kann die erhaltenen Resultate verallgemeinern, um eine Quelle vom klassischen Typ zu behandeln, über die man nur eine statistische Kenntnis besitzt. Man kann diese Quelle darstellen, indem man ihr die Funktion $p(\{\alpha_k(t)\}, t)$ zuordnet, welche die Wahrscheinlichkeit bestimmt, in dem entsprechenden Zustand den Wert $\alpha_k(t)$ für den Ausdruck (184) zu finden.

Der Dichteoperator wird

$$\varrho(t) = \int p_{kl}(\{\alpha_k(t)\}, t) \mid \{\alpha_k(t)\} > \times < \{\alpha_k(t)\} \mid \prod_k \mathrm{d}^2\alpha_k . \tag{188}$$

In diesem besonderen Fall kann man feststellen, daß der Dichteoperator eine Diagonaldarstellung besitzt, die eine echte Wahrscheinlichkeitsfunktion ist.

Die HAMILTON-Operatoren (23) vom klassischen Typ sind nicht die einzigen mit der Eigenschaft der Erhaltung der Kohärenz. GLAUBER [55] und danach MEHTA und SUDARSHAN [56] haben gezeigt, daß alle Wechselwirkungs-HAMILTON-Operatoren, die man in der Form

$$H_I(t) = \sum_{j,k} f_{jk}(t)\, a_j^+ a_k + \sum_j [g_j(t)\, a_j^+ + g_j^*(t)\, a_j], \tag{189}$$

$$f_{jk}(t) = f_{kj}^*(t)$$

schreiben kann, wobei $f_{jk}(t)$ und $g_j(t)$ beliebige Funktionen der Zeit sind, die Eigenschaft haben, einen Zustand kohärent zu lassen, wenn er anfangs kohärent war. Das zeigt, daß die kohärenten Zustände, also diejenigen, die durch Quellen vom klassischen Typ erzeugt werden, ebenso durch Quanten-Quellen ausgestrahlt werden können.

Es scheint so, daß es diese Zustände sind, die das Verbindungsstück eines jeden Vergleichs zwischen klassischer Theorie und Quantentheorie bilden müssen.

Damit hat die im ersten Punkt durch Gl. (167) definierte Zuordnung jetzt eine fundierte physikalische Bedeutung. Sie beruht auf der Tatsache, daß die kohärenten Zustände die einzigen Zustände der Quantentheorie sind, die von Quellen klassischen Typs ausgesendet werden.

2. *Abweichung*. Wir haben angenommen, daß eine Quelle vom klassischen Typ einer bestimmten Stromverteilung entspricht, d. h., wir haben eine vollständige Voraussagbarkeit der Ströme $j(\mathbf{r}, t)$ zugelassen. Wenn man aber die quantentheoretische Analyse auf die Quellen selbst anwendet, so stellt man fest, daß die Ströme $j(\mathbf{r}, t)$ durch Summation über die Beiträge aller vorhandenen Atome gebildet werden. Selbst wenn diese Beiträge einen makroskopischen Effekt darstellen, so ist es doch nur ein statistischer Effekt, und der Charakter der Unvorhersagbarkeit der Bewegung des einzelnen Atoms bleibt erhalten. Es gibt also in einer Quelle vom klassischen Typ immer eine verbleibende Fluktuation des Stromes $j(\mathbf{r}, t)$. Diese Fluktuation ist meist vernachlässigbar; aber sie beeinträchtigt die Strenge unserer Beweisführung, die als eine Approximation angesehen werden muß.

Ein weiteres Phänomen, das wir nicht berücksichtigt haben, ist der Rückstoß, den die Atome bei der Ausstrahlung von Photonen erfahren. Nun entgeht dieser Rückstoß, der bei hohen Frequenzen von Bedeutung sein kann, teilweise der klassischen Vorhersage. Man kann annehmen, daß der Rückstoß bei der Vorgabe des Stromes berücksichtigt wurde; aber man kann nicht die verbleibende Fluktuation berücksichtigen, die unvorhersagbar bleibt. Bei sehr hohen Frequenzen verliert der Begriff des makroskopischen Stromes jede Bedeutung. Man muß dann $j(\mathbf{r}, t)$ als einen Operator betrachten.

Die von uns gebotene Beweisführung ist also begrenzt. Sie setzt voraus, daß die verbleibende Fluktuation [s. Gln. (193) u. (194)] der klassischen Quelle vernachlässigt werden kann und daß diese Quelle nicht zu hohe Frequenzen aussendet.

Fünfter Punkt

Die zeitliche Entwicklung der kohärenten Zustände

1. Übereinstimmung. Wir werden die Eigenschaften der kohärenten Zustände in den Darstellungen $\{p\}$ und $\{q\}$ studieren, in denen die Wellenfunktion nach den Gln. (55) und (56) so zu schreiben ist:

$$< q' \,|\, \alpha > = \left(\frac{\omega}{\pi \hbar}\right)^{1/4} \exp\left\{-\left[\left(\frac{\omega}{2\hbar}\right)^{1/2} q' - \alpha\right]^2\right\},$$

$$< p' \,|\, \alpha > = (\pi \hbar \omega)^{-1/4} \exp\left\{-[(2\hbar\omega)^{-1/2} p' + \mathrm{i}\alpha]^2\right\}.$$

Wir führen die Schwankungsquadrate ein:

$$\begin{aligned} (\Delta q')^2 &= \langle q'^2 \rangle - \langle q' \rangle^2, \\ (\Delta p')^2 &= \langle p'^2 \rangle - \langle p' \rangle^2. \end{aligned} \tag{190}$$

Mit Hilfe der Gln. (47) und (44) bekommt man

$$\langle q' \rangle = < \alpha \,|\, q \,|\, \alpha > = \left(\frac{\hbar}{2\omega}\right)^{1/2} < \alpha \,|\, a^+ + a \,|\, \alpha >,$$

$$\langle q' \rangle = \left(\frac{\hbar}{2\omega}\right)^{1/2} [< \alpha \,|\, a^+ \,|\, \alpha > + < \alpha \,|\, a \,|\, \alpha >],$$

$$\langle q' \rangle = \left(\frac{\hbar}{2\omega}\right)^{1/2} [\alpha^* < \alpha \,|\, a > + \alpha < \alpha \,|\, \alpha >],$$

$$\langle q' \rangle = \left(\frac{\hbar}{2\omega}\right)^{1/2} (\alpha^* + \alpha),$$

$$\langle q' \rangle = \left(\frac{\hbar}{2\omega}\right)^{1/2} 2\,\mathrm{Re}\,\alpha = \left(\frac{2\hbar}{\omega}\right)^{1/2} \mathrm{Re}\,\alpha,$$

$$\langle q' \rangle = \left(\frac{2\hbar}{\omega}\right)^{1/2} \mathrm{Re}\,\alpha. \tag{191}$$

$$\langle q'^2\rangle = <\alpha|q^2|\alpha> = \left(\frac{\hbar}{2\omega}\right)[<\alpha|(a^+ + a)^2|\alpha>],$$

$$\langle q'^2\rangle = \left(\frac{\hbar}{2\omega}\right)[<\alpha|(a^+)^2|\alpha> + <\alpha|(a)^2|\alpha>$$
$$+ <\alpha|a^+a|\alpha> + <\alpha|aa^+|\alpha>],$$

$$[a, a^+] = 1 = aa^+ - a^+a,$$

$$aa^+ = 1 + a^+a,$$

$$\langle q'^2\rangle = \left(\frac{\hbar}{2\omega}\right)[(\alpha^*)^2 + (\alpha)^2 + 2\alpha\alpha^* + 1],$$

$$\langle q'^2\rangle = \left(\frac{\hbar}{2\omega}\right)[(\alpha^* + \alpha)^2 + 1] = \left(\frac{\hbar}{2\omega}\right)[4(\mathrm{Re}\,\alpha)^2 + 1],$$

$$\langle q'^2\rangle = \left(\frac{2\hbar}{\omega}\right)(\mathrm{Re}\,\alpha)^2 + \frac{\hbar}{2\omega}. \tag{192}$$

$$(\Delta q')^2 = \left(\frac{2\hbar}{\omega}\right)[(\mathrm{Re}\,\alpha)^2 - (\mathrm{Re}\,\alpha)^2] + \frac{\hbar}{2\omega},$$

$$(\Delta q')^2 = \frac{\hbar}{2\omega},$$

$$\Delta q' = \left(\frac{\hbar}{2\omega}\right)^{1/2} \tag{193}$$

Ebenso erhält man

$$\langle p'\rangle = (2\hbar\omega)^{1/2}\,\mathrm{Im}\,\alpha, \tag{194}$$

$$\langle p'^2\rangle = (2\hbar\omega)(\mathrm{Im}\,\alpha)^2 + \frac{\hbar\omega}{2}, \tag{195}$$

$$\Delta p' = \left(\frac{\hbar\omega}{2}\right)^{1/2}. \tag{196}$$

Die Gln. (191) und (194) sind sehr wichtig, weil sie der komplexen Zahl α eine direkte physikalische Bedeutung zu geben gestatten.

Nach den Gln. (193) und (196) hat man für einen beliebigen Zustand $|\alpha>$ und für jeden Zeitpunkt

$$\Delta p' \cdot \Delta q' = \frac{1}{2} \hbar . \tag{197}$$

Die HEISENBERGsche Unschärferelation bezüglich der Operatoren p und q schreibt sich

$$\Delta p' \cdot \Delta q' \geqq \frac{1}{2} \hbar . \tag{198}$$

Die Wellenpakete der Gln. (55) und (56) kommen also dem klassischen Bewegungsbegriff, wonach die Größen p und q als Impuls und Ort zu jeder Zeit simultan bestimmbar sein müssen, am nächsten.

Wir bemerken, daß die Größen p' und q' Fluktuationen unterworfen sind, die durch ihre Schwankungsquadrate $(\Delta p')^2$ und $(\Delta q')^2$ dargestellt werden und nicht von α abhängen. Die Fluktuationen sind demnach für alle Zustände $|\alpha>$ die gleichen wie für das Vakuum $|0>$.

Wir werden diese minimale irreduzible Fluktuation *Vakuumfluktuation* nennen. Alle Zustände $|\alpha>$ werden also von dieser verbleibenden Fluktuation beeinflußt. Aber es gilt

$$\begin{aligned} \frac{\Delta q'}{q'} &\xrightarrow[|\alpha| \to \infty]{} 0, \\ \frac{\Delta p'}{p'} &\xrightarrow[|\alpha| \to \infty]{} 0. \end{aligned} \tag{199}$$

Wenn $|\alpha| \gg 1$ ist, so kann man sagen, daß die Vakuumfluktuationen vernachlässigbar werden und daß die Eigenwerte p' und q' der quantentheoretischen Observablen p und q sich wie die entsprechenden klassischen Größen verhalten.

Diese Situation ist für die kohärenten Zustände charakteristisch. Für die Besetzungszahl-Zustände $|n>$ hätte man

$$\langle q' \rangle = <n|q|n>$$
$$= \left(\frac{\hbar}{2\omega}\right)^{1/2} [<n|a^+|n> + <n|a|n>],$$

$$\langle q' \rangle = 0, \tag{200}$$

und ebenso

$$\langle p' \rangle = <n|p|n> = 0. \tag{201}$$

Weiterhin hätte man

$$\langle q'^2 \rangle = <n|q^2|n>$$
$$= \left(\frac{\hbar}{2\omega}\right) [<n|(a^+)^2|n> + <n|(a)^2|n>$$
$$+ <n|n> + 2<n|a^+a|n>]$$

$$\langle q'^2 \rangle = \left(\frac{\hbar}{2\omega}\right)(2n+1), \tag{202}$$

und ebenso

$$\langle p'^2 \rangle = <n|p^2|n> = \left(\frac{\hbar\omega}{2}\right)(2n+1). \tag{203}$$

Für die Zustände scharfer Besetzungszahl sind also die Schwankungsquadrate von der gleichen Größenordnung wie die Energie. Diese Zustände sind demnach grundsätzlich verschieden von den klassischen Zuständen. Weil in diesen Zuständen die Photonen eine bestimmte Energie und einen bestimmten Impuls haben, werden sie oft mit klassischen Zuständen verglichen, obwohl z. B. ihr Ort völlig unbestimmt ist. Man kann weiter zeigen, daß die Darstellung $P(\alpha)$ eines Zustands $|n>$ im Sinne einer temperierten Distribution [41] existiert.

Wir begeben uns jetzt in das SCHRÖDINGER-Bild. Nach den Gln. (191) und (59) haben wir

$$<\alpha_S|q_S|\alpha_S> = \left(\frac{2\hbar}{\omega}\right)^{1/2} \mathrm{Re}\,(\alpha\, \mathrm{e}^{-\mathrm{i}\omega t}). \qquad (204)$$

Setzen wir

$$\alpha = |\alpha|\, \mathrm{e}^{\mathrm{i}\varphi}, \qquad (205)$$

$$<\alpha_S|q_S|\alpha_S> = \left(\frac{\hbar}{2\omega}\right)^{1/2} \mathrm{Re}\,(|\alpha|\, \mathrm{e}^{-\mathrm{i}\omega t + \mathrm{i}\varphi}),$$

$$<\alpha_S|q_S|\alpha_S> = \left(\frac{\hbar}{2\omega}\right)^{1/2} |\alpha| \cos(-\omega t + \varphi). \qquad (206)$$

Ebenso bekommt man

$$<\alpha_S|p_S|\alpha_S> = (2\hbar\omega)^{1/2}\, |\alpha| \sin(-\omega t + \varphi). \qquad (207)$$

Die Erwartungswerte der Observablen q und p entwikkeln sich in Abhängigkeit von der Zeit entsprechend einer harmonischen Bewegung mit der Kreisfrequenz ω und den Amplituden $(\hbar/2\omega)^{1/2}$ bzw. $(2\hbar\omega)^{1/2}$.

Das Wellenpaket von Gl. (55) bleibt also im Laufe der Zeit erhalten. Es erzeugt nicht irgendeine stationäre Verteilung. Das entspricht dem klassischen Begriff der Bahnkurve.

Nach dem EHRENFESTschen Theorem [57] können wir die folgenden Gleichungen aufschreiben:

$$\begin{aligned} \frac{\partial}{\partial t}\langle q\rangle &= \left\langle\frac{\partial H}{\partial p}\right\rangle, \\ \frac{\partial}{\partial t}\langle p\rangle &= -\left\langle\frac{\partial H}{\partial q}\right\rangle. \end{aligned} \qquad (208)$$

Um sagen zu können, daß die Erwartungswerte $\langle q \rangle$ und $\langle p \rangle$ den Gesetzen der klassischen Mechanik folgen, müßte

$$\left\langle \frac{\partial}{\partial p} H(q, p) \right\rangle = \frac{\partial}{\partial p} H(\langle q \rangle, \langle p \rangle)$$

und (209)

$$\left\langle \frac{\partial}{\partial q} H(q, p) \right\rangle = \frac{\partial}{\partial q} H(\langle q \rangle, \langle p \rangle)$$

gelten. Nun hat H die Form

$$H = p^2 + \omega^2 q^2.$$

Man hat also

$$\left\langle \frac{\partial}{\partial p} H(q, p) \right\rangle = \langle 2p \rangle = 2 \langle p \rangle,$$

$$\left\langle \frac{\partial}{\partial p} H(q, p) \right\rangle = \frac{\partial}{\partial p} H(\langle q \rangle, \langle p \rangle).$$

Diese Eigenschaft ist für den quantisierten harmonischen Oszillator charakteristisch.

Zusammenfassend können wir feststellen, daß die Erwartungswerte der kohärenten Zustände den Gesetzen der klassischen Mechanik folgen. Sie sind keinem Auseinanderfließen im Laufe der Zeit unterworfen und entsprechen dem Minimum der HEISENBERGschen Unschärferelation.

2. *Abweichung*. Obwohl man für die kohärenten Zustände die Größen p und q mit einer für $|\alpha| \gg 1$ sehr groß werdenden relativen Genauigkeit bestimmen kann [s. Gl. (199)], darf man nicht vergessen, daß es unmöglich bleibt, beide Größen gleichzeitig genau zu messen.

Nur die Erwartungswerte sind bestimmt. Die einzelnen Messungen an einem kohärenten Zustand bleiben unvorhersehbar und sind daher nicht mit klassischen Messungen zu vergleichen. Insbesondere verschwindet die Wahrscheinlichkeit, ein Photon an einer von q sehr weit entfernten Stelle zu finden, niemals vollständig. Schließlich muß man unterstreichen, daß die kohärenten Zustände mit kleinen $|\alpha|$ überhaupt nicht mehr den klassischen Zuständen mit sehr geringer Energie entsprechen, die man nach der Regel (167) erhalten würde.*)

Betrachten wir z. B. den Zustand

$$|\alpha = 0> . \tag{210}$$

Nach Gl. (40) ist

$$|\alpha = 0> = |n = 0> . \tag{211}$$

Dieser Zustand, den wir *Vakuum der Quantentheorie* nennen werden, würde also dem klassischen Zustand entsprechen, der die Abwesenheit des Feldes beschreibt:

$$\{c_k\} = 0 , \tag{212}$$

und den wir *Vakuum der klassischen Theorie* nennen werden.

Nach den Gln. (192) und (195) können wir jedoch schreiben

$$\begin{aligned} <\alpha = 0|q^2|\alpha = 0> &= \hbar/2\omega , \\ <\alpha = 0|p^2|\alpha = 0> &= \hbar\omega/2 . \end{aligned} \tag{213}$$

Das Vakuum der Quantentheorie enthält also eine irreduzible Fluktuation, die einem Vergleich mit dem Vakuum der klassischen Theorie im Wege steht.

Sechster Punkt. — *Superposition*

Das Studium der Superposition der quantentheoretischen Zustände, das wir im dritten Teil in Angriff nehmen werden [Gl. (291)], bildet ebenfalls einen wichtigen Punkt des Vergleichs zwischen klassischen und kohärenten Zuständen.

---

*) Vgl. aber hierzu: H. PAUL, W. BRUNNER, G. RICHTER, Ann. Physik **16** (1965) 93 (Anm. d. Herausgebers).

C) Schlußfolgerungen

Die kohärenten Zustände haben teil an allen charakteristischen Eigenschaften der klassischen Zustände. Die von uns definierte Zuordnungsvorschrift (167) erlaubt es, alle klassischen Phänomene in der klassischen wie auch in der quantentheoretischen Beschreibung zu behandeln. Beide sind von diesem Gesichtspunkt aus äquivalent.

Aber wir haben gezeigt, daß unter allen Zuständen der Quantentheorie die kohärenten Zustände die einzigen sind, die sich so streng mit den klassischen Zuständen vergleichen lassen. Wir haben ferner unterstrichen, daß diese kohärenten Zustände streng quantentheoretische Eigenschaften aufweisen, die zu spezifischen Effekten führen können. Ebenso haben wir bemerkt, daß, während jede klassische statistische Gesamtheit ein quantentheoretisches Äquivalent besitzt, es umgekehrt eine große Mannigfaltigkeit von statistischen Gesamtheiten ohne irgendein klassisches Äquivalent der Quantentheorie gibt.

Man kann also nicht sagen, daß die kohärenten Zustände den klassischen völlig äquivalent seien.

Das Korrespondenzprinzip

A) Einführung

Wir haben die Übereinstimmungen und die Abweichungen hervorgehoben, die zwischen der klassischen und der quantentheoretischen Beschreibung bestehen. Das von uns durchgeführte vergleichende Studium sollte hauptsächlich dazu dienen, die exakte Korrespondenz zu formulieren, die man zwischen diesen beiden Beschreibungen aufstellen kann.

Das Studium dieser Korrespondenz wird in einem ähnlichen Geist vor sich gehen, wie man es beim Vergleich der statistischen Thermodynamik mit der phänomenologischen Thermodynamik durchführen kann [58]. Wir werden von der Quantentheorie der Strahlung ausgehen und werden versuchen, die klassischen Zustände als Zustände zu definieren, die eine statistische Information bezüglich quantentheoretischer Zustandsgesamtheiten enthalten.

B) Die statistischen Gesamtheiten ϱ_A

1. Wir betrachten die statistischen Gemische

$$\varrho_A = \int P_A(\alpha)\, |\alpha\rangle\langle\alpha|\, \mathrm{d}^2\alpha . \tag{214}$$

A steht für $(A_1, A_2, \ldots, A_k, \ldots)$ und ist ein Gebiet der komplexen Ebene, das in einem Kreis mit dem Durchmesser 1 enthalten ist,

$$|\Delta\alpha| = 1 , \tag{215}$$

und dem Mittelpunkt α_m mit

$$|\alpha_m| \gg 1$$

oder

$$|\alpha - \alpha'| \leqq 1 \quad \text{für} \quad \alpha \quad \text{und} \quad \alpha' \in A.$$

P_A ist irgendeine beschränkte Funktion, die den folgenden Bedingungen genügt:

$$P_A(\alpha) \approx 0 \qquad \text{für } \alpha \text{ außerhalb } A, \tag{216}$$

$$\int P_A(\alpha)\, d^2\alpha = 1 \approx \int_A P_A(\alpha)\, d^2\alpha. \tag{217}$$

Es gibt eine unendliche Mannigfaltigkeit von Funktionen $P(\alpha)$, die diese Bedingungen erfüllen.

2. Wir betrachten den Projektionsoperator $M(A)$ auf das Gebiet A [59]:

$$M(A) = \frac{1}{\pi} \int_A |\alpha'\rangle \langle\alpha'|\, d^2\alpha' \tag{218}$$

und berechnen die Wahrscheinlichkeit, das System im Zustand $|\alpha\rangle$ mit $\alpha \in A$ zu finden:

$$\mathrm{Sp}\,\{\varrho_A M(A)\} = \int P_A(\alpha) \langle\alpha| M(A) |\alpha\rangle\, d^2\alpha,$$

$$\mathrm{Sp}\,\{\varrho_A M(A)\} = \frac{1}{\pi} \int_A d^2\alpha' \int P_A(\alpha) \times \langle\alpha|\alpha'\rangle \langle\alpha'|\alpha\rangle\, d^2\alpha,$$

$$\mathrm{Sp}\,\{\varrho_A M(A)\} = \frac{1}{\pi} \int_A d^2\alpha' \int P_A(\alpha)\, e^{-|\alpha-\alpha'|^2} d^2\alpha. \tag{219}$$

Das Integral über A kann über die gesamte komplexe Ebene erstreckt werden, da ja

$$e^{-|\alpha-\alpha'|^2} \approx 0 \quad \text{für } \alpha' \text{ außerhalb von } A.$$

Damit wird

$$\mathrm{Sp}\,\{\varrho_A M(A)\} \approx \frac{1}{\pi} \int d^2\alpha' \int P_A(\alpha)\, e^{-|\alpha-\alpha'|^2}\, d^2\alpha$$

$$\approx \int P_A(\alpha)\, d^2\alpha \,\langle\alpha| \frac{1}{\pi} \int |\alpha'\rangle \langle\alpha'|\, d^2\alpha'\, |\alpha\rangle. \tag{220}$$

Mit Benutzung der Gln. (72), (42) und (217) kann man schreiben

$$\mathrm{Sp}\,\{\varrho_A M(A)\} \approx 1\,. \tag{221}$$

Das bedeutet, daß das Gemisch ϱ_A die Eigenschaft besitzt, sich nur auf das Gebiet A zu beziehen, was dem klassischen Lokalisierungsbegriff entspricht.

3. $M(A)$ und $M(A')$ seien Projektionsoperatoren auf getrennte Gebiete A, A':

$$M(A) = \frac{1}{\pi} \int_A |\alpha> <\alpha|\, \mathrm{d}^2\alpha$$

$$M(A') = \frac{1}{\pi} \int_{A'} |\alpha'> <\alpha'|\, \mathrm{d}^2\alpha'$$

$$|<\alpha|\alpha'>|^2 = \mathrm{e}^{-|\alpha-\alpha'|^2}, \qquad \alpha \in A, \qquad \alpha' \in A'.$$

Wenn die Gebiete A und A' sich nicht überlappen, so gilt

$$|<\alpha|\alpha'>|^2 \approx 0\,.$$

Die Operatoren $M(A)$ und $M(A')$ projizieren also auf orthogonale Zustandsräume. Die entsprechenden Zustände sind linear unabhängig.

4. Die Gemische ϱ_A sind kohärent.

Wir berechnen

$$\begin{aligned} G_A^{(n)}(x_1 \ldots x_{2n}) &= \mathrm{Sp}\,\{\varrho_A E^{(-)}(x_1) \ldots E^{(-)}(x_n), E^{(+)}(x_{n+1}) \ldots E^{(+)}(x_{2n})\} \\ &= \int_A P_A(\alpha) \prod_{j=1}^{n} \varepsilon_j^*(x_j, \alpha) \prod_{l=n+1}^{2n} \varepsilon_l(x_l, \alpha)\, \mathrm{d}^2\alpha\,. \end{aligned}$$

Da $|\alpha| \gg 1$ vorausgesetzt ist, kann $\varepsilon(x, \alpha)$ im Gebiet A als konstant angesehen werden:

$$\varepsilon(x, \alpha) \approx \varepsilon(x, \alpha_m), \tag{222}$$

und man hat

$$G_A^{(n)}(x_1, \ldots x_{2n}) = \left\{\int_A P_A(\alpha)\, \mathrm{d}^2\alpha\right\} \times \prod_{j=1}^{n} \varepsilon_j^*(x_j, \alpha_m) \prod_{l=n+1}^{2n} \varepsilon_l(x_l, \alpha_m). \tag{223}$$

Nach Gl. (217) ist

$$\int_A P_A(\alpha)\, \mathrm{d}^2\alpha = 1,$$

$$G_A^{(n)}(x_1 \ldots x_{2n}) = \prod_{j=1}^{n} \varepsilon_j^*(x_j, \alpha_m) \prod_{l=n+1}^{2n} \varepsilon_l(x_l, \alpha_m). \tag{224}$$

Man hat also tatsächlich vollständige Kohärenz.

5. Diese Eigenschaften erlauben uns, die klassischen reinen Zustände den statistischen Gemischen ϱ_A mit der Korrespondenzregel

$$c_k = \mathrm{i}\left(\frac{\hbar\,\omega_k}{2}\right)^{1/2} \alpha_{mk} \tag{225}$$

zuzuordnen. Die α_{mk} sind durch die folgenden Gleichungen bestimmt, die ausdrücken, daß die Gebiete A sich nicht überlappen:

$$|\alpha_{m+1} - \alpha_m| = 1, \quad \alpha_m \gg 1. \tag{226}$$

Sie bilden also eine abzählbare Folge. Da $|\alpha_m| \gg 1$ ist, bilden die c_k eine fast kontinuierliche Folge. Das entspricht gut ihrer Rolle in der klassischen Theorie.

Wir bemerken, daß es unendlich viele statistische Gesamtheiten ϱ_A gibt, die ein und demselben klassischen Zustand, wie er in Gl. (1) gegeben ist, entsprechen.

C) Klassische Statistik und Quantenstatistik

Um zu zeigen, daß die durch Gl. (225) definierte Korrespondenz vollständig ist, werden wir sie auf klassische statistische Gesamtheiten [s. Gl. (4)] ausdehnen. Die

Korrespondenz gründet sich auf die Zuordnungsvorschrift

$$p(c_1, c_2, \ldots, c_k, \ldots) = \int\limits_{A_1, A_2 \cdots, A_k \cdots} P(\alpha_1, \alpha_2, \ldots, \alpha_k, \ldots) \prod_k d^2\alpha_k,$$

oder, in komprimierter Schreibweise,

$$p(\{c_k\}) = \int\limits_A P(\alpha)\, d^2\alpha \tag{227}$$

mit

$$c_k = i \left(\frac{\hbar\, \omega_k}{2}\right)^{1/2} \alpha_{mk},$$

wobei α_{mk} der Mittelpunkt des Gebiets A_k ist; $P(\alpha)$ ist eine beliebige auf Eins normierte Funktion.

Man bemerkt, daß es unendlich viele verschiedene Gesamtheiten der Quantentheorie gibt, die Gl. (227) erfüllen, d. h. ein und derselben klassischen statistischen Gesamtheit entsprechen. Diese Korrespondenz ist also nicht eineindeutig.

Um die Gültigkeit dieser Regel zu zeigen, werden wir jetzt die in Gl. (219) durchgeführte Rechnung für ϱ_D wiederholen.

$$W(A) = \mathrm{Sp}\,\{\varrho_D M(A)\}$$

$$= \frac{1}{\pi} \int\limits_A d^2\alpha' \int P(\alpha)\, e^{-|\alpha - \alpha'|^2}\, d^2\alpha. \tag{227'}$$

$W(A)$ ist nach Gl. (144') immer positiv. Da $e^{-|\alpha-\alpha'|^2} \approx 0$ für α außerhalb A, gilt näherungsweise

$$W(A) \approx \frac{1}{\pi} \int d^2\alpha' \int\limits_A P(\alpha)\, e^{-|\alpha-\alpha|^2}\, d^2\alpha,$$

und nach der gleichen Abschätzung wie in Gl. (220)

$$W(A) = \int\limits_A P(\alpha)\, d^2\alpha. \tag{228}$$

In ausführlicher Schreibweise:

$$W(A_1, A_2, \ldots, A_k, \ldots) = \int\limits_{A_1, A_2, \cdots A_k, \cdots} P(\alpha_1, \alpha_2, \ldots, \alpha_k, \ldots) \prod_k d^2\alpha_k .$$

$W(A)$ gibt die Wahrscheinlichkeit, das System in einem Zustand $|\alpha>$ mit $\alpha \in A$ zu finden, denn:

- $W(A)$ ist positiv definit.
- Entnimmt man jedem Gebiet A einen Punkt α, so sind die Zustände $|\alpha>$ linear unabhängig.
- $W(A)$ ist auf Eins normiert.

Wir überzeugen uns von der Normierung:

$$\sum_A W(A) = \sum_A \operatorname{Sp} \{\varrho_D M(A)\} = \sum_A \left\{ \int\limits_A P(\alpha) \, d^2\alpha \right\},$$

$$\sum_A W(A) = \int P(\alpha) \, d^2\alpha = 1 . \tag{229}$$

$W(A)$ spielt — wie wir zeigen werden — in der Quantentheorie überhaupt die gleiche Rolle wie $p(\{c_k\})$ in der klassischen Theorie. Zuvor betrachten wir den Fall eines normalgeordneten Operators $F_N(a^+, a)$.

Man hat nach Gl. (149)

$$\operatorname{Sp} \{\varrho_D F_N\} = \int P(\alpha) F_N(\alpha^*, \alpha) \, d^2\alpha ,$$

$$\operatorname{Sp} \{\varrho_D F_N\} = \sum_A \int\limits_A P(\alpha) F_N(\alpha^*, \alpha) \, d^2\alpha . \tag{230}$$

Nun ist aber

$$\int\limits_A P(\alpha) F_N(\alpha^*, \alpha) \, d^2\alpha \approx \left\{ \int\limits_A P(\alpha) \, d^2\alpha \right\} \{F_N(\alpha_m^*, \alpha_m)\},$$

denn für $|\alpha_m| \gg 1$ wird

$$F_N(\alpha^*, \alpha) \approx F_N(\alpha_m^*, \alpha_m) \quad \text{für} \quad \alpha \in A . \tag{231}$$

Damit bekommen wir

$$\operatorname{Sp} \{\varrho_D F_N) = \sum_A W(A) F_N(\alpha_m^*, \alpha_m) . \tag{232}$$

Wenn wir einen antinormal geordneten Operator haben,

$$F_{AN}(a, a^+) = J(a) K(a^+),$$

so ist nach Gl. (154)

$$\mathrm{Sp}\,\{\varrho_D F_{AN}\} = \int <\alpha|\varrho_D|\alpha> F_{AN}(\alpha, \alpha^*)\,\mathrm{d}^2\alpha. \quad (233)$$

Ist $|\alpha_m| \gg 1$, so gilt allgemein

$$F_{AN}(\alpha, \alpha^*) \approx F_{AN}(\alpha_m, \alpha_m^*) \quad \text{für} \quad |\alpha - \alpha_m| \leqq 1,$$

und man kann schreiben

$$\mathrm{Sp}\,\{\varrho_D F_{AN}\} = \sum_A \left\{\int_A <\alpha|\varrho_D|\alpha> \mathrm{d}^2\alpha\right\} \{F_{AN}(\alpha_m, \alpha_m^*)\}.$$

In Gl. (144) haben wir gesehen, daß

$$<\alpha|\varrho_D|\alpha> = \int P(\alpha')\,\mathrm{e}^{-|\alpha-\alpha'|^2}\,\mathrm{d}^2\alpha',$$

$$\int_A <\alpha|\varrho_D|\alpha> \mathrm{d}^2\alpha = \int_A \mathrm{d}^2\alpha \int P(\alpha')\,\mathrm{e}^{-|\alpha-\alpha'|^2}\,\mathrm{d}^2\alpha'.$$

Nach den Gln. (227') und (228) ist

$$\int_A <\alpha|\varrho_D|\alpha> \mathrm{d}^2\alpha - W(A) \approx \int_A P(\alpha)\,\mathrm{d}^2\alpha, \quad (234)$$

obwohl $<\alpha|\varrho_D|\alpha> \neq P(\alpha)$ für $\alpha \in A$.

Man hat also

$$\mathrm{Sp}\,\{\varrho_D F_{AN}\} = \sum_A W(A) F_{AN}(\alpha_m, \alpha_m^*).$$

So erweist sich die Funktion $W(A)$ sowohl für normalgeordnete als auch für antinormal geordnete Operatoren als brauchbar.

Ein beliebiger Operator $F(a, a^+)$ kann immer zerlegt werden in der Form

$$F(a \text{ und } a^+) = F_N(a^+, a) + F_{AN}(a, a^+). \quad (235)$$

Man hat demnach allgemein

$$\mathrm{Sp}\,\{\varrho_D F(a, a^+)\}$$

$$= \sum_A W(A) F_N(\alpha_m^*, a^*) + \sum_A W(A) F_{AN}(\alpha_m^*, \alpha^*), \quad (236)$$

$$\mathrm{Sp}\,\{\varrho_D F(a, a^+)\} = \sum_A W(A) F(\alpha_m, \alpha_m^*). \quad (237)$$

Wir sehen also, daß man dank der eingeführten Zerlegung in Gebiete A in völlig analoger Weise das Spurintegral einer quantentheoretischen Observablen und den ihr in der klassischen Theorie entsprechenden Mittelwert berechnen kann. Der Ausdruck $W(A)$ spielt in der Quantentheorie genau die gleiche Rolle wie $p(\{c_k\})$ in der klassischen Theorie.

Man muß unterstreichen, daß die Bedingung

$$|\alpha_m| \gg 1 \quad (238)$$

notwendig ist, um obige Resultate abzuleiten, denn es ist erforderlich, daß die verbleibenden Fluktuationen [s. Gl. (193) und (196)] vernachlässigbar sind.

D) Die makroskopischen Quanteneffekte

1. Wir haben im vorhergehenden Abschnitt angenommen, daß die Operatoren $F_N(a^+, a)$ und $F_{AN}(a, a^+)$ den Bedingungen

$$\left.\begin{aligned} F_N(\alpha^*, \alpha) &\approx F_N(\alpha_m^*, \alpha_m) \\ F_{AN}(\alpha, \alpha^*) &\approx F_{AN}(\alpha_m, \alpha_m^*) \end{aligned}\right\} \quad \alpha \in A \quad (239)$$

genügen, die wir in der Schreibweise

$$F(\alpha) \approx F(\alpha_m) \quad \text{für} \quad \alpha \in A \quad (240)$$

zusammenfassen. Das trifft für die meisten Operatoren zu. Es gibt jedoch Operatoren, für die

$$F_0(\alpha_m) = 0 \qquad \text{für} \qquad \alpha_m \gg 1 \tag{241}$$

gilt.

Nehmen wir z. B. den Besetzungszahl-Operator

$$N = a^+ a, \tag{242}$$

dessen Eigenwerte die *Besetzungszahlen* n sind:

$$\langle n \rangle = \mathrm{Sp}\,\{\varrho_D (a^+ a)\} = \int P(\alpha)\, \alpha^* \alpha \, \mathrm{d}^2\alpha,$$

$$\langle n \rangle = \int P(\alpha) \; |\alpha|^2 \, \mathrm{d}^2\alpha = \langle |\alpha|^2 \rangle = |\alpha_m|^2. \tag{243}$$

Nun betrachten wir den Operator

$$F_N(a^+, a) = a^+ a^+ a a - \langle n \rangle^2. \tag{244}$$

Seine Eigenwerte sind gegeben durch

$$\{a^+ a^+ a a - \langle n \rangle^2\} \, | n >$$

$$= \{n^{1/2} n \, n^{1/2} - \langle n \rangle^2\} \, | n >$$

$$= (n^2 - \langle n \rangle^2) \, | n >, \tag{245}$$

$$\mathrm{Sp}\,\{\varrho_D F_N\} = \langle n^2 - \langle n \rangle^2 \rangle, \tag{246}$$

$$\mathrm{Sp}\,\{\varrho_D F_N\} = \langle n^2 \rangle - \langle n \rangle^2,$$

$$\mathrm{Sp}\,\{\varrho_D F_N\} = \langle n^2 \rangle + \langle n \rangle^2 - 2\,\langle n \rangle \langle n \rangle,$$

$$\mathrm{Sp}\,\{\varrho_D F_N\} = \langle n^2 \rangle + \langle n \rangle^2 - \langle 2 n \langle n \rangle \rangle,$$

$$\mathrm{Sp}\,\{\varrho_D F_N\} = \langle (n - \langle n \rangle)^2 \rangle. \tag{247}$$

$\mathrm{Sp}\,\{\varrho_D F_N\}$ gibt also die *quantentheoretische Schwankung* der Photonenzahl. Ihr klassisches Analogon ist eine positiv definite Größe.

Wir berechnen für diesen Ausdruck

$$\mathrm{Sp}\,\{\varrho_D F_N\} = \int P(\alpha)\,\langle\alpha|\,(a^+a^+aa - \langle n\rangle^2)\,|\alpha\rangle\,\mathrm{d}^2\alpha, \tag{248}$$

$$\mathrm{Sp}\,\{\varrho_D F_N\} = \int P(\alpha)\,(\alpha^*\alpha^*\alpha\alpha - |\alpha_m|^4)\,\mathrm{d}^2\alpha.$$

Dabei wurde Gebrauch gemacht von Gl. (243), wonach

$$\mathrm{Sp}\,\{\varrho_D F_N\} = \langle|\alpha|^4 - \langle|\alpha|^2\rangle^2\rangle \tag{249}$$

ist. Nach der obigen Schlußweise hat man die Identität

$$\langle|\alpha|^4 - \langle|\alpha|^2\rangle^2\rangle = \langle(|\alpha|^2 - \langle|\alpha|^2\rangle)^2\rangle \tag{250}$$

und folglich

$$\mathrm{Sp}\,\{\varrho_D F_N\} = \int P(\alpha)\,(|\alpha|^2 - |\alpha_m|^2)^2\,\mathrm{d}^2\alpha. \tag{251}$$

Die quantentheoretische Schwankung der Photonenzahl ist gleich der quantentheoretischen Schwankung von $|\alpha|^2$. Aber letztere ist eine mit Hilfe der Funktion $P(\alpha)$ berechnete Größe, die — wie wir uns erinnern — keine echte Wahrscheinlichkeitsfunktion ist.

Die Funktion $F_N(\alpha^*, \alpha)$ verschwindet für

$$|\alpha| = |\alpha_m|,$$

und es ist

$$|\alpha|^2 - |\alpha_m|^2 \neq |\alpha_m|^2 - |\alpha_m|^2 = 0 \quad \text{für} \quad \alpha \in A.$$

2. Für die Operatoren $F_0(\alpha)$ kann man nicht mehr schreiben:

$$\mathrm{Sp}\,\{\varrho_D F_0(\alpha)\} = \sum_A \left\{\int_A P(\alpha)\,\mathrm{d}^2\alpha\right\} F_0(\alpha_m). \tag{252}$$

Man kann jedoch die quantentheoretischen Gesamtheiten ϱ_D betrachten, für die

$$P(\alpha) \approx P(\alpha_m) \quad \text{für} \quad \alpha \in A, \tag{253}$$

woraus folgt

$$\langle\alpha|\varrho_D|\alpha\rangle \approx \langle\alpha_m|\varrho_D|\alpha_m\rangle \quad \text{für} \quad \alpha \in A\,.$$

Für diese speziellen Gesamtheiten hat man weiterhin die Gln. (230) und (233), wofür wir in komprimierter Form

$$\mathrm{Sp}\,\{\varrho_D F_0(\alpha)\} = \sum_A W(A) \int_A F_0(\alpha)\,\mathrm{d}^2\alpha$$

schreiben können. Wir werden diese Gesamtheiten *quasiklassische quantentheoretische Gesamtheiten* nennen, weil sie den ihnen zugeordneten klassischen Gesamtheiten äquivalent sind.

Gl. (253) hat nach Gl. (144′) zur Folge

$$P(\alpha) \geqq 0\,.$$

Man hat demnach für diese Gesamtheiten die spezielle Beziehung

$$W(A) \approx P(\alpha)\,; \quad \alpha \in A\,. \tag{254}$$

Wir betrachten eine große Anzahl von identischen, aber statistisch unabhängigen elementaren Quellen. GLAUBER [60] hat gezeigt, daß die von diesen Quellen ausgehende Gesamtstrahlung durch den Dichteoperator dargestellt werden kann:

$$\varrho_D = \frac{1}{\pi\langle n\rangle} \int \exp\left(-\frac{|\alpha|^2}{\langle n\rangle}\right) |\alpha\rangle < \alpha|\,\mathrm{d}^2\alpha\,, \tag{255}$$

$$P(\alpha) = \frac{1}{\pi\langle n\rangle} \exp\left(-\frac{|\alpha|^2}{\langle n\rangle}\right). \tag{256}$$

Man hat also für diesen Dichteoperator

$$P(\alpha) \approx P(\alpha_m)\,; \quad \alpha \in A\,.$$

Nun sind aber alle üblichen klassischen Quellen von dieser Art, da sie aus einer großen Zahl von strahlenden Atomen bestehen, die untereinander nicht gekoppelt sind. Es ist demnach ganz normal, daß die quantentheoretische Beschreibung nicht viel einbringt, da sie der klassischen Beschreibung äquivalent ist.

Demgegenüber haben die neuen Strahlungsquellen, die von der induzierten Emission Gebrauch machen, den Vorteil, daß sie eine wesentliche Kopplung zwischen den strahlenden Atomen herstellen [61, 62, 63]. Die von diesen Quellen ausgestrahlten Felder werden folglich durch Dichteoperatoren dargestellt, die sich von denen der althergebrachten Quellen unterscheiden werden. Leider verhindern zahlreiche experimentelle Schwierigkeiten bisher, die makroskopischen Quanteneffekte nachzuweisen.

3. Für die anderen quantentheoretischen Gesamtheiten, wie sie durch diese modernen Quellen realisiert werden, muß man schreiben:

$$\mathrm{Sp}\,\{\varrho_D F_0\} = \sum_A \int_A P(\alpha) F_0(\alpha)\, \mathrm{d}^2\alpha\,. \qquad (257)$$

Nehmen wir das Beispiel von Gesamtheiten, die reinen klassischen Zuständen entsprechen:

$$\mathrm{Sp}\,\{\varrho_D F_0\} = \int_A P_A(\alpha)\, F_0(\alpha)\, \mathrm{d}^2\alpha\,. \qquad (258)$$

Wir haben gesehen (S. 63), daß es Dichteoperatoren mit

$$\int_A P_A(\alpha)\, F_0(\alpha)\, \mathrm{d}^2\alpha < 0 \qquad (259)$$

gibt. Das heißt, daß man für diese Gemische eine negative *quantentheoretische Schwankung* hätte. Man muß jedoch daran erinnern, daß der von uns eingeführte Operator $F_N(a^+, a)$ nicht hermitesch ist; man kann ihm keinen unmittelbaren physikalischen Sinn geben. Aber diese Anomalien führen für das Experiment zu Effekten von der Art des negativen Hanbury-Brown-und-Twiss-Effekts [Gl. (174)], der im Rahmen der klassischen

Theorie nicht zu verstehen ist. Wir sagen, daß dies *makroskopische Quanteneffekte* sind.

Diese Effekte hängen von $P(\alpha)$ anders ab als über das Integral

$$\int_A P(\alpha)\, d^2\alpha .$$

Sie sind direkt mit Werten verknüpft, die von der Funktion $P(\alpha)$ an allen Punkten des Gebiets A angenommen werden. Diese Effekte entgehen also vollständig der klassischen Beschreibung, obwohl sie im makroskopischen Bereich auftreten. Man kann sagen, daß sie gestatten, quantentheoretische Gesamtheiten zu unterscheiden, die derselben klassischen Gesamtheit entsprechen.

Die makroskopischen Quanteneffekte können demnach nur in Experimenten mit Quellen nachgewiesen werden, die vollständig einer klassischen Beschreibung entgehen. Die Existenz dieser Quellen, die wir *quantentheoretische Quellen* nennen wollen, gestattet es, die größere Vielzahl von quantentheoretischen Zuständen im Vergleich zu den klassischen Zuständen zu erklären.

Diese Situation tritt in der statistischen Thermodynamik nicht auf. Dort gibt es keinen Effekt, der zwischen der großen Zahl von *Komplexionen*, die demselben *Mikrozustand* entsprechen, zu unterscheiden gestattet.

Die in Gl. (227) definierte Korrespondenz ist für die meisten statistischen Gesamtheiten keine exakte Äquivalenz. Die klassische Beschreibung der Strahlung kann nicht auf die gleiche Grundlage gestellt werden wie die phänomenologische Thermodynamik. Diese erklärt tatsächlich alle makroskopischen Erscheinungen bis auf die sehr seltenen Fälle, in denen statistische Fluktuationen gemessen werden können (kritische Opaleszenz).

Des weiteren werden wir im dritten Teil sehen, daß die Superposition von quantentheoretischen Zuständen einen makroskopischen Effekt ergeben kann.

E) Korrespondenzprinzip

Das Korrespondenzprinzip der Quantenmechanik wird oft in die folgende Form gebracht [64]:

„Die klassische Theorie ist makroskopisch richtig.“
„Die Quantentheorie muß im Limes großer Quantenzahlen asymptotisch in die klassische Theorie übergehen.“

Diese sehr allgemeine Form erlaubt die Anwendung der in der Quantentheorie gewonnenen Resultate. Tatsächlich gestattet sie, in eine quantentheoretische Lösung klassisch vorgegebene Anfangsbedingungen und Randbedingungen einzuführen.

Für die Korrespondenz zwischen der klassischen und der quantentheoretischen Beschreibung der optischen Strahlung schlagen wir folgende Formulierung vor:

Die klassische Theorie ist eine statistische Beschreibung der Quanten-Phänomene in der Skala der Gebiete A der Diagonaldarstellung. Diese Beschreibung ist nur vollständig für „quasiklassische“ quantentheoretische Gesamtheiten.

Es ist also eindeutig eine statistische Korrespondenz. Eine direkte Korrespondenz zwischen den klassischen und quantentheoretischen Zuständen gibt es nicht. Diejenigen quantentheoretischen Gesamtheiten, die keine Diagonaldarstellung [s. Gl. (162)] gestatten, haben andererseits überhaupt kein klassisches Äquivalent. Einige dieser Gesamtheiten sind dennoch sehr einfache quantentheoretische Zustände.

Für die optische Strahlung ist die übliche Formulierung des Korrespondenzprinzips nicht präzis genug. Tatsächlich streben die quantentheoretischen Zustände nicht für große Werte von $|\alpha|$ gegen klassische Zustände. Weiterhin können diese Zustände zu makroskopischen Phänomenen Anlaß geben [s. Gl. (259)], welche die klassische Theorie nicht interpretieren kann.

Man muß betonen, daß die statistische Beschreibung der quantentheoretischen Strahlung nicht unbedingt notwendig ist. Allein die Natur der Quellen erfordert ihre Anwendung. Man kann also sagen, daß die klassische Theorie nur für die Beschreibung von Feldern geeignet ist, die durch klassische Quellen erzeugt werden.

Es gibt also eine grundsätzliche Inäquivalenz zwischen der klassischen und der quantentheoretischen Beschreibung. Diese ist wesentlich für den überaus großen Reichtum, den der quantenstatistische Begriff der Gesamtheit enthält.

KAPITEL III

Die „neoklassische" Näherung

Das Korrespondenzprinzip ist — so wie wir es formuliert haben — in seiner Anwendung einigermaßen delikat. Das erklärt die Schwierigkeit, der man begegnet, wenn man die Bedingungen für die Anwendbarkeit der klassischen Theorie auf ein Strahlungsproblem präzisieren will.

Deshalb benutzt man oft die *neoklassische* Näherung, die darin besteht, daß man in den Wechselwirkungen der Materie mit der Strahlung die Materie nach der Quantentheorie behandelt und die Strahlung nach der klassischen Theorie. Einige Autoren [65, 66, 67, 68] haben einfache physikalische Probleme gelöst, indem sie erst die neoklassische Näherung und dann ausschließlich die Quantentheorie benutzten. Die Unterschiede in den durch beide Methoden gewonnenen Resultaten zeigen, daß man die neoklassische Näherung nur unter ganz bestimmten Bedingungen verwenden kann. Die hinreichenden Bedingungen können von dem zu lösenden Problem abhängen, aber die notwendigen Bedingungen können immer ohne Willkür durch das von uns formulierte Korrespondenzprinzip angegeben werden.

Immer wenn in das gestellte Problem das Strahlungsfeld in Form statistischer Gemische eingeht und wenn die ausgeführten Messungen Observablen betreffen, welche die Bedingungen (240) erfüllen, ist die neoklassische Näherung hervorragend. Aber man muß sich erinnern, daß diese Näherung nicht allein durch die Vergewisserung zu rechtfertigen ist, daß die ins Spiel kommenden Quantenzahlen sehr groß sind.

DRITTER TEIL

Lichtschwebungen

Analyse der Beschreibung von Interferenzerscheinungen in kohärentem Licht zwischen Strahlen, die von unabhängigen Quellen ausgehen

Einleitung

Die optischen Strahlungsquellen, über die man früher verfügte, waren durch ihre schwache Kohärenz gekennzeichnet. Die einzigen Interferenzexperimente, die man ausführen konnte, wurden durch Aufteilung eines Lichtstrahls in verschiedene Komponenten realisiert, die man unter bestimmten geometrischen Bedingungen wieder zusammenführte. Dieser Kunstgriff erlaubte es, so zu tun, als ob man es mit einem isolierten Wellenzug zu tun hätte.

Aber die Verwirklichung des kontinuierlichen Betriebs eines He-Ne-Lasers ermöglichte die Erzeugung sehr langer und sehr stabiler Wellen [63], wodurch die Voraussetzung für eine völlig neue Kategorie von Experimenten gegeben war, in denen Strahlen, die von unabhängigen Quellen ausgehen, zur Interferenz gebracht werden. Des weiteren gestattet die beträchtliche Verminderung der Meßzeit, die zeitliche Instabilität der Quellen außer acht zu lassen. Das ermöglicht es, Messungen an Feldern nichtstationärer Quellen vorzunehmen und das Ensemblemittel an Stelle des zeitlichen Mittels ins Auge zu fassen. Man kann also mit statistisch reineren Feldzuständen arbeiten, wodurch – wie wir im Zusammenhang mit Gl. (259) gesehen haben – Quanteneffekte deutlicher in Erscheinung treten [69, 76, 70a–c, 71a, b].

Klassische Beschreibung

In der klassischen Theorie stellt sich das durch die Interferenz zweier von unabhängigen Lichtquellen ausgehenden Strahlen gestellte Problem in ziemlich einfacher Weise dar. Da die Feldgleichungen linear sind, kann man sagen, daß der durch Superposition zweier Felder erzeugte Effekt einfach die Summe der durch die beiden Felder getrennt erzielten Effekte ist.

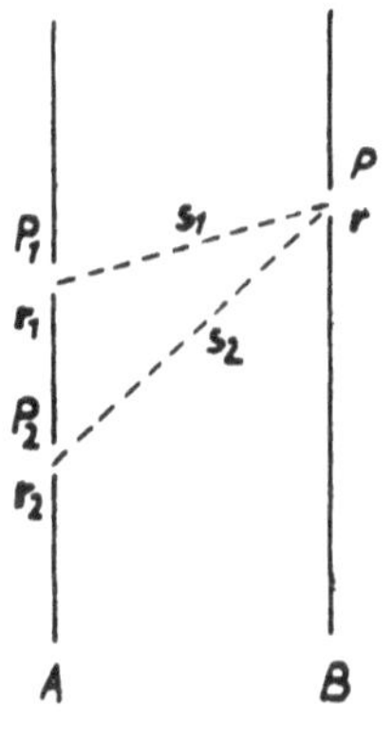

Wir betrachten den einfachen Fall eines Experiments vom YOUNGschen Typ mit zwei unabhängigen monochromatischen Quellen. Das durch diese Quellen erzeugte Feld ist in komplexer Schreibweise [72]

$$E_1^{(+)}(\mathbf{r}_1, t)' = [I_1(t')]^{1/2} \exp[2\pi i \nu_1 t' + i\varphi_1(t')], \quad (260)$$

$$E_2^{(+)}(\mathbf{r}_2, t') = [I_2(t')]^{1/2} \exp[2\pi i \nu_2 t' + i\varphi_2(t')], \quad (261)$$

wobei die Funktionen $\varphi_1(t')$, $\varphi_2(t')$, $I_1(t')$ und $I_2(t')$ langsam veränderlich sind im Vergleich zur Kohärenzzeit (S. 14) der einzelnen Strahlen.

Wir haben gesehen, daß das Feld in einem Punkt des Schirms sich schreiben läßt [Gl. (120)]

$$E^{(+)}(\boldsymbol{r}, t) = E_1^{(+)}(\boldsymbol{r}_1, t - t_1) + E_2^{(+)}(\boldsymbol{r}_2, t - t_2) \quad (262)$$

mit

$$t_1 = s_1/c \quad \text{und} \quad t_2 = s_2/c,$$

und die Intensität (also die eigentliche Meßgröße)

$$\begin{aligned} I(\boldsymbol{r}, t) &= E^{(+)}(\boldsymbol{r}, t)\, E^{(-)}(\boldsymbol{r}, t) \\ &= I_1(t - t_1) + I_2(t - t_2) \\ &\quad + 2[I_1(t - t_1)\, I_2(t - t_2)]^{1/2} \\ &\quad \times \cos[2\pi(\nu_2 - \nu_1)\, t + 2\pi(\nu_1 t_1 - \nu_2 t_2) \\ &\quad + \varphi_2(t - t_2) - \varphi_1(t - t_1)]. \end{aligned} \quad (263)$$

Wir setzen

$$\tau = t_2 - t_1, \quad t = t_1 + \tau/2. \quad (264)$$

Mit Benutzung der Gln. (260) und (261) kann man schreiben:

$$\begin{aligned} I(\boldsymbol{r}, t) &= I_1(t) + I_2(t) + 2[I_1(t)\, I_2(t)]^{1/2} \\ &\times \cos\left[2\pi(\nu_2 - \nu_1)\, t + 2\pi\, \frac{\nu_2 + \nu_1}{2}\, \tau + \varphi_1(t) + \varphi_2(t)\right]. \end{aligned} \quad (265)$$

Aber jeder Detektor besitzt eine Ansprechzeit T. Das bedeutet, daß er nur ein Signal

$$S(t) = \int_{t-T/2}^{t+T/2} I(\boldsymbol{r}, t)\, \mathrm{d}t \quad (266)$$

registrieren kann [73]. Ist $T \ll \lambda$, so erhält man demnach das Signal

$$S(t) = S_1(t) + S_2(t) + 2[S_1(t)\, S_0(t)]^{1/2} \times \frac{\sin[\pi(\nu_2 - \nu_1)T]}{\pi(\nu_2 - \nu_1)T} \times \cos\left[2\pi(\nu_2 - \nu_1)\left(t + \frac{T}{2}\right) + \pi(\nu_2 + \nu_1)\,\tau + \varphi_2(t) - \varphi_1(t)\right]. \tag{267}$$

Die Sichtbarkeit der Interferenzstreifen, die wir in Gl. (8) durch den Ausdruck

$$v(t) = \frac{I_{\max} - I_{\min}}{I_{\max} + I_{\min}}$$

definiert haben, wird für das Signal $S(t)$

$$v(t) = \frac{2}{\left[\frac{S_1(t)}{S_2(t)}\right]^{1/2} + \left[\frac{S_2(t)}{S_1(t)}\right]^{1/2}} \times \frac{\sin \pi(\nu_2 - \nu_1)T}{\pi(\nu_2 - \nu_1)T} \tag{268}$$

Dieser Ausdruck beschreibt zwei sehr verschiedene Erscheinungen. Einerseits kann man auf dem Schirm Interferenzstreifen beobachten, die identisch sind mit denen, die man mit einer einzigen Lichtquelle der Frequenz

$$\nu' = (\nu_1 + \nu_2)/2 \tag{269}$$

erhalten würde. Andererseits schwankt die Intensität in einem gegebenen Punkt in Abhängigkeit von der Zeit regelmäßig mit der Frequenz $\nu_2 - \nu_1$. Dieses völlig neue Phänomen wird *Lichtschwebung* genannt. Damit diese beiden Erscheinungen nachgewiesen werden können, muß die Bedingung

$$\frac{1}{|\nu_1 - \nu_2|} < T < \lambda \tag{270}$$

erfüllt sein.

Diese Bedingung macht verständlich, warum man ein derartiges Experiment nicht mit klassischen Quellen verwirklichen kann. Deshalb nennt man derartige Effekte *Effekte der zeitweiligen Superposition.* Man muß jedoch beachten, daß der *zeitweilige* Charakter nur auf die unvollkommene Kohärenz der Quellen zurückzuführen ist.

KAPITEL II

Quantentheoretische Beschreibung

A) Einführung

In der Quantentheorie stellt sich das Problem der Superposition in einer komplizierteren Weise dar. In der Tat werden infolge der Vertauschungsrelationen (22) die Gleichungen, denen der Feldoperator genügt, nichtlinear. So hat man

$$a \,|c_1 n_1 + c_2 n_2> \neq a \,|c_1 n_1> + a \,|c_2 n_2> . \qquad (271)$$

Es gibt keine allgemeine Regel, die es uns erlaubt, aus zwei gegebenen Zuständen den Zustand zu konstruieren, der durch Vereinigung der Bedingungen entsteht, die den einen und den anderen erzeugen [74].

*B) Superpositionsprinzip der Quantentheorie**)

Man muß also im einzelnen studieren, was in der Quantentheorie Superposition zweier Felder bedeutet. Wir werden das Problem des von zwei gemeinsam wirkenden Quellen erzeugten Feldes untersuchen [75].

Betrachten wir den Fall zweier Quellen S_1 und S_2, wie wir sie ausgehend von Gl. (175) untersucht haben. Wir haben gesehen, daß diese Quellen auf kohärente Zustände wie unitäre Verschiebungsoperatoren wirken.

So hat man für S_1 bzw. S_2

$$D(\alpha_1) = \exp\,(\alpha_1 a^+ - \alpha_1^* a),$$
$$D(\alpha_2) = \exp\,(\alpha_2 a^+ - \alpha_2^* a).$$

---

*) Man beachte, daß der hier diskutierte Begriff der Superposition verschieden ist von dem in der Quantentheorie üblichen, wo Zustandsvektoren im HILBERT-Raum superponiert werden (Anm. d. Herausgebers).

α_1 und α_2 sind durch Gl. (184) gegeben. Gehen wir von dem Vakuumzustand $|0>$ aus und lassen die Quelle S_1 wirken, so erhalten wir den Zustand

$$|t> = D(\alpha_1)\,|0>$$

oder

$$|t> = |\alpha_1> . \tag{272}$$

Wenn man S_2 einschaltet, während S_1 in Tätigkeit bleibt, so ist nach Gl. (187) der erzeugte Zustand

$$|t> = D(\alpha_2)\,|\alpha_1> ,$$

$$|t> = D(\alpha_2) D(\alpha_1)\,|0> .$$

Nach Gl. (181) ist

$$|t> = D(\alpha_1 + \alpha_2) \exp\left[\frac{1}{2}\,(\alpha_2 \alpha_1^* - \alpha_2^* \alpha_1)\right] |0> . \tag{273}$$

Da der Exponent imaginär ist, kann man schreiben (bis auf einen Phasenfaktor, der gemäß Gl. (117) nicht in den Dichteoperator eingeht)

$$|t> = D(\alpha_1 + \alpha_2)\,|0> ,$$

$$|t> = |\alpha_1 + \alpha_2>$$

und

$$\varrho = |\alpha_1 + \alpha_2> <\alpha_1 + \alpha_2| . \tag{274}$$

Man stellt fest, daß die Reihenfolge, in der die Quellen eingeschaltet werden, keine Rolle spielt, da

$$|\alpha_1 + \alpha_2> = |\alpha_2 + \alpha_1> .$$

Wir können dieses Resultat auf N Quellen verallgemeinern und ein quantentheoretisches Superpositionsprinzip formulieren:

Die Superposition von Quellen, die einzeln Zustände $|\alpha_1>, |\alpha_2>, \ldots, |\alpha_k>$ *ausstrahlen würden, ergibt als Ausstrahlungseffekt den Zustand* $|\alpha_1 + \alpha_2 + \cdots + \alpha_k>$.

Diese Eigenschaft bildet einen weiteren Vergleichspunkt zwischen klassischen und kohärenten Zuständen, wie wir bereits im sechsten Punkt unseres vergleichenden Studiums angekündigt haben (S. 76).

In allgemeinerer Form: Wenn die Quelle S_1 ein Feld ausstrahlt, das durch den Dichteoperator

$$\varrho_1 = \int P_1(\alpha_1) \, |\alpha_1> <\alpha_1| \, d^2\alpha_1$$

beschrieben wird, und S_2 ein Feld mit

$$\varrho_2 = \int P_2(\alpha_2) \, |\alpha_2> <\alpha_2| \, d^2\alpha_2,$$

$$\varrho_2 = \int P_2(\alpha_2) D(\alpha_2) \, |0> <0| \, D^{-1}(\alpha_2) \, d^2\alpha_2,$$

so besitzt das der Superposition von S_1 und S_2 zugeordnete Feld den Dichteoperator

$$\varrho = \int P_2(\alpha_2) D(\alpha_2) \, \varrho_1 D^{-1}(\alpha_2) \, d^2\alpha_2, \tag{275}$$

$$\varrho = \int P_2(\alpha_2) P_1(\alpha_1) \, |\alpha_1 + \alpha_2> <\alpha_1 + \alpha_2| \, d^2\alpha_1 \, d^2\alpha_2.$$

ϱ kann in die Form

$$\varrho = \int P(\alpha) \, |\alpha> <\alpha| \, d^2\alpha$$

gebracht werden, wenn man setzt

$$P(\alpha) = \int \delta^{(2)}(\alpha - \alpha_1 - \alpha_2) P_1(\alpha_1) P_2(\alpha_2) \, d^2\alpha_1 \, d^2\alpha_2,$$

$$P(\alpha) = \int P_1(\alpha - \alpha') P_2(\alpha') \, d^2\alpha' \tag{276}$$

mit

$$\alpha' = \alpha_1 + \alpha_2.$$

Man hat

$$\int P(\alpha) \, d^2\alpha = 1,$$

wenn

$$\int P_1(\alpha_1) \, d^2\alpha_1 = 1$$

und

$$\int P_2(\alpha_2) \, d^2\alpha_2 = 1.$$

Wir nennen die fundamentale Gl. (276) *Faltungsbeziehung*, weil sie eine Verallgemeinerung des Begriffs des Faltungsintegrals zweier Funktionen einer reellen Veränderlichen darstellt. $P(\alpha)$ existiert nicht immer, doch kann man zeigen [77], daß unter der Voraussetzung

$$P_1(\alpha) \in O'_c,$$

$$P_2(\alpha) \in O'_c$$

$P(\alpha)$ existiert und dem Raum O'_c der schnell fallenden temperierten Funktionen angehört.

Gl. (276) ist ein Prinzip der Superposition von Zuständen der Quantentheorie. Man bemerkt, daß es sich nicht auf Gesamtheiten bezieht, die keine Diagonaldarstellung gestatten. Diese Gesamtheiten haben im allgemeinen keine einfache Superpositionsregel.

C) Superposition von zwei unabhängigen Quellen

1. Nach dem von uns formulierten Korrespondenzprinzip können wir das quantentheoretische Analogon des Phänomens der *Lichtschwebungen* finden.

Den klassischen Feldern $E_{1kl}(x)$ und $E_{2kl}(x)$ entsprechen die Dichteoperatoren

$$\varrho_{A1} = \int_{A_1} P_{A1}(\alpha) \, |\alpha> <\alpha| \, \mathrm{d}^2\alpha, \tag{277}$$

$$\varrho_{A2} = \int_{A_2} P_{A2}(\alpha) \, |\alpha> <\alpha| \, \mathrm{d}^2\alpha. \tag{278}$$

A_1 und A_2 haben die Zentren α_{m1} und α_{m2}, die nach Gl. (225) $\{c_{k1}\}$ und $\{c_{k2}\}$ entsprechen.

Man hat also nach der Faltungsbeziehung (276), wenn ϱ_D den Dichteoperator der Superposition beider Felder darstellt,

$$\varrho_D = \int P(\alpha) \, |\alpha> <\alpha| \, \mathrm{d}^2\alpha$$

mit

$$P(\alpha) = \int P_{A1}(\alpha - \alpha') P_{A2}(\alpha') \, \mathrm{d}^2\alpha'. \tag{278'}$$

Das Integral hat nur dann einen wesentlich von Null verschiedenen Wert, wenn

$$\begin{aligned} |(\alpha - \alpha') - \alpha_{m1}| &\leqq \frac{1}{2}, \\ |\alpha' - \alpha_{m2}| &\leqq \frac{1}{2} \end{aligned} \tag{279}$$

oder

$$|\alpha - (\alpha_{m1} + \alpha_{m2})| \leqq \frac{1}{2}.$$

Man kann also schreiben

$$P(\alpha) = P_A(\alpha),$$

wobei A das Zentrum hat:

$$\alpha_m = \alpha_{m1} + \alpha_{m2}. \tag{280}$$

Das quantentheoretische Analogon der Intensität $I(x)$ ist die quantentheoretische Korrelationsfunktion $G^{(1)}(x, x)$. Für das superponierte Feld hat man

$$\begin{aligned} G^{(1)}(x, x) &= \mathrm{Sp}\,\{\varrho_D E^{(-)}(x) E^{(+)}(x)\} \\ &= \int P_A(\alpha)\, \varepsilon^*(x, \alpha)\, \varepsilon(x, \alpha)\, \mathrm{d}^2\alpha, \end{aligned} \tag{281}$$

$$G^{(1)}(x, x) = \left\{\int P_A(\alpha)\, \mathrm{d}^2\alpha\right\} \varepsilon^*(x, \alpha_m)\, \varepsilon(x, \alpha_m), \tag{282}$$

$$G^{(1)}(x, x) = \varepsilon^*(x, \alpha_m)\, \varepsilon(x, \alpha_m), \tag{283}$$

$$G^{(1)}(x, x) = |\varepsilon(x, \alpha_m)|^2. \tag{284}$$

Nun ist nach Gl. (65) und Gl. (68)

$$|\varepsilon(x, \alpha_m)|^2 = E_{kl}^2(x) \tag{285}$$

und nach Gl. (280)

$$\varepsilon(x, \alpha_m) = \varepsilon(x, \alpha_{m1}) + \varepsilon(x, \alpha_{m2}). \tag{286}$$

Wir werden also zurückgeführt zu dem weiter vorn behandelten klassischen Problem [Gl. (265)], und die Erscheinungen stellen sich in der gleichen Weise dar; aber das gilt nur für Gesamtheiten ϱ_A.

Wenn darüber hinaus die Gesamtheiten ϱ_{A_1} und ϱ_{A_2} quasiklassisch sind, so hat man

$$\begin{aligned} P_{A_1}(\alpha) &\approx 1\,, \qquad \alpha \in A_1\,, \\ P_{A_2}(\alpha) &\approx 1\,, \qquad \alpha \in A_2\,, \end{aligned} \tag{287}$$

und wenn man diese Werte in Gl. (278′) einsetzt,

$$P(\alpha) \approx P_{A_1}(\alpha) \times P_{A_2}(\alpha) \quad \text{für} \quad \alpha \in A\,, \tag{288}$$

also

$$P(\alpha) \approx 1\,, \quad \alpha \in A\,. \tag{289}$$

Die durch Superposition entstehende Gesamtheit ist also ebenfalls quasiklassisch und entspricht direkt dem klassisch superponierten Feld $E_{kl} = E_1 + E_2$, da

$$\alpha_m = \alpha_{m1} + \alpha_{m2}\,.$$

Wenn also die Gesamtheiten ϱ_{A_1} und ϱ_{A_2} nicht quasiklassisch sind, so gilt Gl. (288) nicht, und man muß Gl. (278′) beibehalten:

$$P_A(\alpha) \neq P_{A_1}(\alpha_{m1}) \times P_{A_2}(\alpha_{m2}) \quad \text{für} \quad \alpha \in A\,. \tag{290}$$

Die Gesamtheit ϱ_A kann Eigenschaften haben, die von denen der Gesamtheiten ϱ_{A_1}, ϱ_{A_2} abweichen.

2. Die Superposition zweier klassischer statistischer Gesamtheiten ist durch den Ausdruck [1]

$$p(\{c_k\}) = \int p_1(\{c_k - c_k'\})\, p_2(\{c_k'\}) \prod_k \mathrm{d}c_k' \tag{291}$$

gegeben. Wenn man zu den entsprechenden quantentheoretischen Gesamtheiten übergeht, so würde obige

Gleichung der folgenden entsprechen:

$$\int_A P(\alpha)\,\mathrm{d}^2\alpha = \sum_{\alpha'_m} \left[\left\{ \int_{\substack{A_1 \\ \alpha_m - \alpha'_m}} P_1(\alpha)\,\mathrm{d}^2\alpha \right\} \times \left\{ \int_{\substack{A' \\ (\alpha'_m)}} P_2(\alpha)\,\mathrm{d}^2\alpha \right\} \begin{matrix}\{1\} \\ \cdot\end{matrix} \right]. \qquad (292)$$

Der Mittelpuhkt α_m von A entspricht hierbei $\{c_k\}$;
der Mittelpunkt α'_m von A' entspricht $\{c'_k\}$;
der Mittelpunkt $\alpha_m - \alpha'_m$ von A_1 entspricht $\{c_k - c'_k\}$.

Nun weiß man, daß in Wirklichkeit nach Gl. (276)

$$P(\alpha) = \int P_1(\alpha - \alpha')\,P_2(\alpha')\,\mathrm{d}^2\alpha'.$$

Man hat also

$$\int_A P(\alpha)\,\mathrm{d}^2\alpha = \int_A \mathrm{d}^2\alpha \int P_1(\alpha - \alpha')\,P_2(\alpha')\,\mathrm{d}^2\alpha',$$

$$\int_A P(\alpha)\,\mathrm{d}^2\alpha = \int_A \mathrm{d}^2\alpha \sum_{\alpha'_m} \int_{\substack{A' \\ (\alpha'_m)}} P_1(\alpha - \alpha')\,P_2(\alpha')\,\mathrm{d}^2\alpha'. \qquad (293)$$

Nehmen wir an, daß

$$\int_{\substack{A' \\ (\alpha'_m)}} P_1(\alpha - \alpha')\,P_2(\alpha')\,\mathrm{d}^2\alpha' = \left\{ \int_{\substack{A' \\ (\alpha'_m)}} P_1(\alpha - \alpha')\,\mathrm{d}^2\alpha' \right\} \left\{ \int_{\substack{A' \\ (\alpha'_m)}} P_2(\alpha')\,\mathrm{d}^2\alpha' \right\}. \qquad (294)$$

Damit das richtig ist, muß gelten

$$\left.\begin{aligned} P_2(\alpha') &\approx P_2(\alpha'_m) \\ P_1(\alpha - \alpha') &\approx P_1(\alpha - \alpha_m) \end{aligned}\right\} \text{für} \quad \alpha' \in A'; \qquad (295)$$

$P_1(\alpha)$ und $P_2(\alpha)$ müssen also klassische Gesamtheiten darstellen. Da

$$\int\limits_{\substack{A' \\ (\alpha_m')}} P_1(\alpha - \alpha')\,\mathrm{d}^2\alpha' = \int\limits_{\substack{A_1 \\ (\alpha - \alpha_m')}} P_1(\alpha'')\,\mathrm{d}^2\alpha'', \tag{296}$$

kann man nun schreiben

$$\int\limits_A P(\alpha)\,\mathrm{d}^2\alpha = \int\limits_A \mathrm{d}^2\alpha \sum_{\alpha_m'} \left\{ \int\limits_{\substack{A_1 \\ \alpha - \alpha_m'}} P_1(\alpha')\,\mathrm{d}^2\alpha' \right\} \times \left\{ \int\limits_{\substack{A' \\ (\alpha_m')}} P_2(\alpha')\,\mathrm{d}^2\alpha' \right\}. \tag{297}$$

Es ist aber

$$\int\limits_{\substack{A_1 \\ (\alpha_m - \alpha_m')}} P_1(\alpha')\,\mathrm{d}^2\alpha' \approx \int\limits_{\substack{A_1 \\ (\alpha_m - \alpha_m')}} P_1(\alpha')\,\mathrm{d}^2\alpha' \quad \text{für } \alpha \in A\,. \tag{298}$$

Demnach hat man

$$\int\limits_A P(\alpha)\,\mathrm{d}^2\alpha \approx \sum_{\alpha_m'} \left\{ \int\limits_{\substack{A_1 \\ (\alpha_m - \alpha_m')}} P_1(\alpha')\,\mathrm{d}^2\alpha' \right\} \times \left\{ \int\limits_{\substack{A' \\ (\alpha_m')}} P_2(\alpha')\,\mathrm{d}^2\alpha' \right\}, \tag{299}$$

worin man Gl. (292) wiedererkennt. Damit ist gezeigt, daß für die quasiklassischen Gesamtheiten die Superposition durch die in Gl. (227) gegebene klassische Regel beschrieben wird.

Aber für beliebige Gesamtheiten ist Gl. (294) nicht mehr erfüllt. Man kann also feststellen, daß die Superposition zweier quantentheoretischer Gesamtheiten, denen zwei klassische Gesamtheiten entsprechen, im allgemeinen nicht der Superposition der klassischen Gesamtheiten entspricht.

Das typisch quantentheoretische Phänomen ist mit der Punkt-zu-Punkt-Zuordnung von $P_1(\alpha)$ und $P_2(\alpha)$ verknüpft, während die klassische Theorie ein Gebiet A einem Gebiet A zuordnet.

Die Abweichung vom klassischen Korrelationsgesetz [Gl. (291)], die bei der Superposition zweier quantenstatistischer Gesamtheiten auftritt, gibt wertvolle Auskunft über die Werte der Funktion $P(\alpha)$ im Innern der Gebiete A. Wir nennen diese Abweichung den *quantentheoretischen Superpositionseffekt*. Er bildet ein weiteres Beispiel eines *makroskopischen Quanteneffekts*.

Schluß

Das von uns unternommene vergleichende Studium hat uns befähigt, die Korrespondenz zwischen der klassischen Theorie und der Quantentheorie des Strahlungsfeldes zu begründen. Wir haben gezeigt, daß diese vollständig von der Natur der Strahlungsquellen abhängt: Es besteht eine echte Äquivalenz zwischen beiden Theorien, wenn es sich darum handelt, reale Experimente mit Strahlungsquellen zu beschreiben, deren Verhalten vollständig klassisch ist. Umgekehrt führen reale Experimente mit *quantentheoretischen Quellen*, deren Verhalten mit einer klassischen Theorie nicht erfaßbar ist, zu *makroskopischen Quanteneffekten*, die allein durch die Quantentheorie der Strahlung erklärt werden können. Die Zuflucht zu dieser Theorie ist also nur dann wirklich unvermeidlich, wenn es sich um Strahlung von *quantentheoretischen Quellen* handelt.

Die Entdeckung der Laser war von der Hoffnung begleitet, daß diese als quantentheoretische Quellen dienen könnten. Aber unglücklicherweise bleibt es sehr schwierig, eine hinreichende Stabilisierung und Modenselektion zu erreichen. Der Weg zur Realisierung von Strahlungsquellen, die sich radikal von den früher verfügbaren unterscheiden, ist jedoch eröffnet. Die detaillierte Analyse der Emissionsprozesse dieser Quellen müßte es ermöglichen, die emittierte Strahlung direkt mit der Struktur der emittierenden Atome zu verknüpfen.

Auf *makroskopische Quanteneffekte* abzielende Experimente, wie man sie sich eventuell ausdenkt, könnten es ermöglichen, genauere Information zu gewinnen, sowohl über die Quantenphänomene, die in den Quellen ihren Ursprung haben, als auch über die Strahlung selbst.

Allgemeiner könnte man hoffen, daß in Zukunft die Quantenoptik im Verhältnis zur klassischen Optik die Rolle spielen wird, welche die Quantenelektronik im Verhältnis zur klassischen Elektronik tatsächlich spielt.

Literaturverzeichnis

Eine Bibliographie der vor März 1965 erschienenen Arbeiten über Kohärenz findet man am Ende des Artikels [1].

[1] L. MANDEL u. E. WOLF, Rev. mod. Phys. **37** (1965) 231.
[2] Proc. of the Third Intern. Congr. of Quant. Electr., Herausg. N. BLOEMBERGEN u. P. RIVET (Dunod et Cie, Paris; Columbia University Press, New York (1964).
[3] R. HANBURY BROWN u. R. TWISS, a) Nature **177** (1956) 27; b) Proc. roy. Soc. **A 243** (1957) 291; **A 242** (1957) 300.
[4] E. WOLF, Proc. of the Sympos. on Opt. Masers (John Wiley & Sons, Inc. New York 1963) S. 29; Zit. [2], S. 13.
[5] L. MANDEL, Zit. [2], S. 101.
[6] Zit. [1], S. 239.
[7] Zit. [1], S. 234.
[8] L. MANDEL, Phys. Letters **7** (1963) 117.
[9] W. B. DAVENPORT u. W. L. ROOT, An Introduction to the Theory of Random Signals and Noise (Mc Graw Hill Book Compagny, Inc., New York, 1958).
[10] S. GOLDMAN, Information Theory (Prentice-Hall, Inc., New York 1953).
[11] A. M. YAGLOM, An Introduction to the Theory of Stationary Random Functions (Prentice-Hall, Inc., Englewood Cliffs, New Jersey 1962).
[12] R. J. GLAUBER, a) Phys. Rev. Letters **10** (1963) 84;
b) Phys. Rev. **130** (1963) 2529;
c) Phys. Rev. **131** (1963) 2766;
d) Zit. [2], S. 111;
e) Quantum Optics and Electronics, Lecture Notes, Summer School for Theor. Phys., Les Houches 1964 (Gordon and Breach Science Publishers, Inc., New York 1965);
f) Physics of Quantum Electronics (New York 1966).
[13] W. HEITLER, The Quantum Theory of Radiation (3. Auflage) Clarendom Press, Oxford 1954).

[14] L. de Broglie, Théorie de la quantification (Hermann et Cie, Paris 1932).
[15] A. Messiah, Mecanique quantique (Dunod et Cie, Paris 1962).
[16] Zit. [15], S. 369.
[17] A. Einstein, a) La Théorie du rayonnement et de quanta, Institut Solvay, Brüssel, 1er Conseil de Physique 1911, Herausg. P. Langevin u. L. de Broglie (Gauthier-Villars, Paris 1912) S. 407;
b) Physik. Z. **18** (1917) 121.
[18] Zit. [12c], S. 2769.
[19] Zit. [12c], S. 2770 u. 2771.
[20] E. Schrödinger, Naturwissenschaften **14** (1926) 664.
[21] F. Rocca u. M. Sirugue, Nuovo Cim. **52B** (1967) 7682.
[22] K. E. Cahill, Phys. Rev. **138B** (1965) 1566.
[23] Zit. [12c], S. 2772 u. 2773.
[23′] Zit. [12e], S. 78.
[23″] Zit. [15], S. 280.
[24] L. Mandel, Phys. Rev. **136B** (1964) 1221.
[25] Zit. [12f], S. 788.
[26] Zit. [12e], S. 88.
[27] U. M. Titulaer u. R. J. Glauber, a) Zit. [12f], S. 812;
b) Phys. Rev. **140B** (1965) 676.
[28] C. L. Mehta, Nuovo Cim. **45B** (1966) 6915.
[29] Zit. [12e], S. 97.
[30] T. F. Jordan, J. Math. Phys. **7** (1966) 2006.
[31] Zit. [27a].
[32] Zit. [12e], S. 71.
[33] Zit. [3a].
[34] G. Rebka u. R. Pound, Nature **180** (1957) 1035.
[35] F. Couvut, private Mitteilung.
[36] E. C. G. Sudarshan, Phys. Rev. Letters **10** (1963) 278.
[37] Zit. [12c], S. 2776.
[38] C. L. Mehta u. E. C. G. Sudarshan, Phys. Rev. **138B** (1965) 274.
[39] Zit. [12e], S. 139.
[39′] S. Bochner u. W. T. Martin, Several Complex Variables (Princeton 1948) S. 36.
[40] C. L. Mehta, Phys. Rev. Letters **18** (1967) 752.
[41] R. Bonilacio, L. M. Narducci u. E. Montaldi, Nuovo Cim. **47A** (1967) 1210.

[42] J. R. KLAUDER, J. MAC KENNA u. D. G. CURRIE, J. Math. Phys. **6** (1965) 734.
[43] Zit. [38], S. 280.
[44] J. R. KLAUDER, Phys. Rev. Letters **16** (1966) 534.
[45] H. HOLLIDAY u. M. L. SAGE, Phys. Rev. **138 B** (1965) 485.
[46] Zit. [22], S. 1569.
[47] I. R. SENITZKY, Phys. Rev. **128** (1962) 2864.
[48] J. LAWSON u. G. E. UHLENBECK, Threshold Noise Signals (McGraw Hill Compagny, Inc., New York 1950), S. 33–56.
[49] C. L. MEHTA, J. Math. Phys. **5** (1964) 677.
[50] Zit. [1], S. 247.
[51] Zit. [22], S. 1574.
[52] Zit. [12f], S. 796.
[53] R. J. GLAUBER, Phys. Rev. **84** (1951) 395.
[54] Zit. [15], S. 442.
[55] R. J. GLAUBER, Phys. Letters **21** (1966) 650.
[56] C. L. MEHTA u. E. C. G. SUDARSHAN, Phys. Letters **22** (1966) 574.
[57] Zit. [15], S. 182.
[58] J. TASSART, private Mitteilung.
[59] Zit. [22], S. 1569.
[60] Zit. [12c], S. 2779.
[61] J. C. BORIE u. A. ORSZAG, C. R. Acad. Sci., Paris (B) **255** (1962) 874.
[62] J. C. BORIE, M. DURAND u. A. ORSZAG, Rev. Opt. (théor. instrum.) **42** (1963) 21.
[63] T. S. JASEPHA, A. JAVAN u. C. H. TOWNES, Phys. Rev. Letters **10** (1963) 165.
[64] Zit. [15], S. 26.
[65] E. T. JAYNES u. F. W. CUMMINGS, Proc. IEEE **51** (1963) 89.
[66] F. W. C. CUMMINGS, Phys. Rev. **140 A** (1965) 1051.
[67] P. CARRUTHERS u. M. M. NIETO, Amer. J. Phys. **33** (1965) 537.
[68] W. H. LOUISELL, Radiation and Noise in Quantum Electronics (McGraw Hill Compagny, Inc., New York 1964), S. 274.
[69] A. T. FORRESTER, R. A. GUDMUNDSEN u. P. O. JOHNSON, Phys. Rev. **99** (1955) 1691.
[70] M. S. LIPSETT u. L. MANDEL, a) Nature **199** (1963) 553;
b) Zit. [2], S. 1271;
c) Appl. Optics **3** (1964) 643.
[71] G. MAGYAR u. L. MANDEL, a) Nature **198** (1963) 255;
b) Zit. [2], S. 1247.

[72] Zit. [71b].
[73] Zit. [1], S. 278.
[74] M. Cessenat, C. R. Acad. Sci., Paris (B) **262** (1966) 575 u. 1242.
[75] Zit. [12c], S. 2778.
[76] A. Javan, E. A. Ballik u. W. L. Bond, J. opt. Soc. Amer. **52** (1962) 96.
[77] Zit. [41], S. 896.

Der Autor

- behandelt die optische Kohärenz nach der klassischen Theorie
- entwickelt die Quantentheorie der Kohärenz
- arbeitet die Gemeinsamkeiten der klassischen und der quantentheoretischen Behandlung heraus
- betont die entscheidenden Unterschiede beider Theorien
- erörtert typische Meßmethoden der Quantenoptik

WISSENSCHAFTLICHE TASCHENBÜCHER

FSC
www.fsc.org
MIX
Papier | Fördert gute Waldnutzung
FSC® C083411

Kolibri 360 GmbH
Ferdinand-Jühlke-Straße 7
99095 Erfurt, Deutschland
produktsicherheit@kolibri360.de